■コンピュータサイエンス教科書シリーズ **18**

数理論理学

工学博士 古川 康一
工学博士 向井 国昭 共著

COMPUTER SCIENCE TEXTBOOK SERIES

コロナ社

コンピュータサイエンス教科書シリーズ編集委員会

| 編集委員長 | 曽和　将容（電気通信大学） |
| 編 集 委 員
 （五十音順） | 岩田　　彰（名古屋工業大学）
 富田　悦次（電気通信大学） |

（2007年5月現在）

刊行のことば

　インターネットやコンピュータなしでは一日も過ごせないサイバースペースの時代に突入している。また，日本の近隣諸国も IT 関連で急速に発展しつつあり，これらの人たちと手を携えて，つぎの時代を積極的に切り開く，本質を深く理解した人材を育てる必要に迫られている。一方では，少子化時代を迎え，大学などに入学する学生の気質も大きく変わりつつある。

　以上の状況にかんがみ，わかりやすくて体系化された，また質の高い IT 時代にふさわしい情報関連学科の教科書と，情報の専門家から見た文系や理工系学生を対象とした情報リテラシーの教科書を作ることを試みた。

　本シリーズはつぎのような編集方針によって作られている。

（1）　情報処理学会「コンピュータサイエンス教育カリキュラム」の報告，ACM Computing Curricula Recommendations を基本として，ネットワーク系の内容を充実し，現代にふさわしい内容にする。

（2）　大学理工系学部情報系の 2 年から 3 年の学生を中心にして，高専などの情報と名の付くすべての専門学科はもちろんのこと，工学系学科に学ぶ学生が理解できるような内容にする。

（3）　コンピュータサイエンスの教科書シリーズであることを意識して，全体のハーモニーを大切にするとともに，単独の教科書としても使える内容とする。

（4）　本シリーズでコンピュータサイエンスの教育を完遂できるようにする。ただし，巻数の制限から，プログラミング，データベース，ソフトウェア工学，画像情報処理，パターン認識，コンピュータグラフィックス，自然言語処理，論理設計，集積回路などの教科書を用意していない。これらはすでに出版されている他の著書を利用していただきたい。

（5） 本シリーズのうち「情報リテラシー」はその役割にかんがみ，情報系だけではなく文系，理工系など多様な専門の学生に，正しいコンピュータの知識を持ったうえでワープロなどのアプリケーションを使いこなし，なおかつ，プログラミングをしながらアプリケーションを使いこなせる学生を養成するための教科書として構成する。

本シリーズの執筆方針は以下のようである。

（1） 最近の学生の気質をかんがみ，わかりやすく，丁寧に，体系的に表現する。ただし，内容のレベルを下げることはしない。
（2） 基本原理を中心に体系的に記述し，現実社会との関連を明らかにすることにも配慮する。
（3） 枝葉末節にとらわれてわかりにくくならないように考慮する。
（4） 例題とその解答を章内に入れることによって理解を助ける。
（5） 章末に演習問題を付けることによって理解を助ける。

本シリーズが，未来の情報社会を切り開いていけるたくましい学生を育てる一助となることができれば幸いです。

2006年5月

編集委員長　曽和　将容

まえがき

　本書のおもな対象は，コンピュータサイエンスを専攻としている大学生，大学院生であるが，そのような専攻に限らず，理工学系，さらには文系の学生にとっても，有用な内容になるように心掛けた。

　本書では，命題論理および述語論理を主として取り上げた。コンピュータサイエンスの学生が学ぶべき論理としては，比較的単純な問題を形式的に表現する場合には，命題論理が妥当であろう。それは，論理回路にも直結している。形式的な表現言語としては，述語論理のほうがより強力である。しかし，論理の体系は，命題論理と述語論理は相似的であるので，初めに命題論理を学び，その後で述語論理を学ぶ，という手順を踏む。述語論理によるプログラミング言語である Prolog についての簡単な紹介も行う。それは，プログラミング言語を習得することによる実際的なメリットを狙うと同時に，非単調推論，発想推論，帰納推論での知識表現言語として利用するからである。

　このように，取り上げる話題を広くする一方，論理学の推論体系としては，知識表現への適合性，および，証明アルゴリズムの高速性の観点から考えて，主として融合法 (resolution) による表現を取り上げた。

　本書は，数理論理学の教科書としての利用が可能である。その場合，いくつかの章の取捨選択を行うことにより，それぞれのコースに合わせた学習が可能となるであろう。数理論理学としての最も基本的な内容は，導入の1章，命題論理と述語論理の関連性と紹介を兼ねた2章，命題論理，述語論理の詳細を論じた3，4章，論理プログラムの基礎を扱った6章の五つの章であろう。このほかに，数理論理学の歴史的な成果であり，証明法自体が興味深い自然演繹法について展開した5章も含めてもよいかもしれない。また，さらに発展的な知識を身に付けたい場合には，8，9章，すなわち，発想論理プログラムと帰納論理

プログラミングを含めるとよいであろう．7章の Prolog の章は，実際にプログラミングを行いたい学生諸君にとって，その導入として役立つであろう．

　本書は，特に，実世界の問題を論理によって表現する能力を身に付けることを目指している．そのためには，問題の抽象化，形式化を必要とする．またそれは，与えられた領域で成り立つ論理的関係を過不足なく表現するための，適当な表現語彙の選択の問題でもある．本書では，実際に問題の形式化の能力を養うために，多くの練習問題を用意した．

　本書で採用した記法は，数学科専攻の学生のために書かれた多くの数理論理学の本と異なっている．そのような記法に慣れた学生諸君にとって，ここでの記法は戸惑いがあるかもしれない．それらの本と最も異なる記法は，論理変数の表現である．本書では，論理変数を表すのに，大文字のアルファベットから始まる文字列を用いた．通常は，x, y などの記号によって論理変数を表すことが一般的なので，この記法は不自然に思われるかもしれない．その理由は，Prolog の記法に合わせたためである．また，論理結合子の記号も，従来用いられてきた記号と異なる点があるが，ここでの記法は，Stuart Russell & Peter Norvig 著 "Artificial Intelligence：A Modern Approach"（古川康一監訳：エージェントアプローチ－人工知能，共立出版（1997））の記述に合わせた．

　なお，本書の執筆は，5章を向井が担当し，それ以外は古川が担当した．本書が，学生諸君，ならびに一般の読者に数理論理学についての理解にいささかでも貢献することができれば，望外の喜びである．

2008年4月

古川　康一
向井　国昭

目　　次

1 序　　論

- 1.1 数理論理学の対象 ··· *1*
- 1.2 発想，帰納，非単調推論 ··· *3*
- 1.3 問　題　解　決 ··· *5*
- 1.4 プログラミング ··· *7*
- 1.5 その他の問題 ·· *7*
  - 1.5.1 論理学と連続関数 ··· *8*
  - 1.5.2 論理学と確率論 ·· *8*

2 論 理 と 表 現

- 2.1 命題論理と述語論理 ·· *10*
- 2.2 伴　　　意 ··· *13*
- 2.3 推　　　論 ··· *15*
  - 2.3.1 演　繹　推　論 ·· *15*
  - 2.3.2 発　想　推　論 ·· *16*
  - 2.3.3 帰　納　推　論 ·· *17*
- 2.4 論理による世界の表現とモデル ···································· *18*
- 2.5 推論手続きの健全性と完全性 ······································· *22*
- 2.6 モデル論と証明論 ··· *25*
- 演　習　問　題 ··· *27*

3 命題論理

3.1 命題論理の構文・意味・解釈 ………………………………… 29
    3.1.1 構　　　文 ……………………………………………… 29
    3.1.2 意　　　味 ……………………………………………… 31
    3.1.3 解　　　釈 ……………………………………………… 33
3.2 命題文の分類 ……………………………………………………… 37
3.3 命題文の標準形 …………………………………………………… 39
    3.3.1 選 言 標 準 形 …………………………………………… 40
    3.3.2 連 言 標 準 形 …………………………………………… 41
    3.3.3 標準形への変換 ………………………………………… 43
3.4 命題論理における推論 …………………………………………… 44
    3.4.1 モーダスポーネンス …………………………………… 46
    3.4.2 融　合　法 ……………………………………………… 47
    3.4.3 公理論的証明法 ………………………………………… 51
    3.4.4 演 繹 定 理 ……………………………………………… 52
演 習 問 題 …………………………………………………………… 53

4 述語論理

4.1 述語論理の構文と意味 …………………………………………… 56
    4.1.1 項 の 定 義 ……………………………………………… 56
    4.1.2 原子文と文の定義 ……………………………………… 58
    4.1.3 述語文の意味と解釈 …………………………………… 61
4.2 述語論理文の分類 ………………………………………………… 67
4.3 述語論理における推論 …………………………………………… 69
4.4 節　集　合 ………………………………………………………… 69
    4.4.1 節集合の定義 …………………………………………… 70
    4.4.2 任意の述語文の節集合への変換 ……………………… 72

- 4.5 融合法 ………………………………………………………… 77
  - 4.5.1 代　　　　入 ……………………………………………… 78
  - 4.5.2 単　一　化 ………………………………………………… 79
  - 4.5.3 融　　　　合 ………………………………………………… 82
- 4.6 融合法の健全性と反駁完全性 ……………………………………… 84
- 4.7 融合法の証明戦略 ……………………………………………… 88
  - 4.7.1 支持集合戦略 …………………………………………… 89
  - 4.7.2 SL融合法 ……………………………………………… 89
- 4.8 融合法の包摂による強化 ………………………………………… 90
- 演習問題 …………………………………………………………… 94

5　ゲンツェンの自然演繹法

- 5.1 自然演繹法 ……………………………………………………… 96
  - 5.1.1 自然演繹の概要 ………………………………………… 96
  - 5.1.2 自然演繹のすすめ ……………………………………… 97
  - 5.1.3 証明と推論規則 ………………………………………… 98
  - 5.1.4 導入規則と除去規則の意味 …………………………… 100
  - 5.1.5 証明の構成法 …………………………………………… 105
  - 5.1.6 原始論理 ………………………………………………… 106
  - 5.1.7 論理積の推論規則 ……………………………………… 108
- 5.2 証明図と推論規則 ……………………………………………… 109
  - 5.2.1 仮　　　　定 …………………………………………… 109
  - 5.2.2 NKの推論規則と証明図 ………………………………… 110
  - 5.2.3 論理和の推論規則 ……………………………………… 114
  - 5.2.4 否定の推論規則 ………………………………………… 116
  - 5.2.5 命題論理の階層 ………………………………………… 120
  - 5.2.6 限　量　子 ……………………………………………… 121
- 5.3 正規形定理とその応用 ………………………………………… 124

5.3.1　正規形証明図 …………………………………… 124
5.3.2　NJ の正規形定理 ………………………………… 127
5.3.3　正規形定理の応用 ………………………………… 130
演　習　問　題 ……………………………………………… 135

6　論理プログラム

6.1　確定プログラム ……………………………………… 136
6.2　確定プログラムの意味論 …………………………… 138
6.3　確定プログラムの証明手続き ……………………… 141
6.4　一般論理プログラム ………………………………… 144
演　習　問　題 ……………………………………………… 149

7　論理プログラミング言語 Prolog

7.1　Prolog とは …………………………………………… 151
7.2　Prolog による簡単なデータベースの作成 ………… 153
7.3　再　帰　関　係 ……………………………………… 156
　　7.3.1　バックトラック ……………………………… 159
　　7.3.2　再　帰　呼　出　し ………………………… 162
　　7.3.3　カットオペレータ …………………………… 164
7.4　Prolog によるリスト処理 …………………………… 169
　　7.4.1　リスト操作の基本 …………………………… 170
　　7.4.2　リスト処理の基本プログラム ……………… 172
7.5　差　分　リ　ス　ト ………………………………… 176
　　7.5.1　二つの差分リストの直結プログラム ……… 176
　　7.5.2　差分リストを用いたクイックソートプログラム … 177
　　7.5.3　構文解析プログラム ………………………… 177
7.6　メタプログラミング ………………………………… 180

演習問題 …………………………………………………………………… *182*

8　発想論理プログラム

8.1　発想推論の定義 …………………………………………………… *183*
8.2　発想論理プログラム ……………………………………………… *186*
8.3　発想論理プログラムの意味論 …………………………………… *188*
演習問題 …………………………………………………………………… *188*

9　帰納論理プログラミング

9.1　決定木の学習問題 ………………………………………………… *190*
9.2　帰納論理プログラミング ………………………………………… *193*
演習問題 …………………………………………………………………… *202*

引用・参考文献 ………………………………… *203*
演習問題解答 …………………………………… *205*
日本語索引 ……………………………………… *217*
英語索引 ………………………………………… *220*

COMPUTER SCIENCE TEXTBOOK SERIES

C1 序論

本章では，数理論理学が扱う対象について述べる。つぎに，この本で取り上げる論理の種類を紹介し，それらが実際になにの役に立つのかを紹介する。また，数理論理学を思考活動のモデルと考えたときの活動形態に関連付けて，演繹，発想，帰納の3種の推論図式を概説する。さらに，問題解決，プログラミングを取り上げて，それらの中での数理論理学の役割について概説する。最後に，数理論理学で取り上げない数学的な対象として連続関数と確率論を取り上げ，それらとの関係について述べる。

1.1 数理論理学の対象

数理論理学は，文（論理式）の真偽を扱う数学的理論である。すなわち，真偽の定まった複数の文が与えられたときに，それらの文に関係した，一見真偽の見分けのつかない文の真偽を決めることが，そこでの重要な問題となる。数理論理学では，文をある決められた形式で記述し，演繹的推論によってこの問題の解決を図る。

論理学の起源は，アリストテレスの三段論法にまでさかのぼる。それは，人間の思考の最初のモデル化と考えられる。例えば，人の社会で真偽が最も問題となるのは裁判である。裁判では，与えられた情況から，被疑者の罪状を決める。その基になるのは，犯行に関する真偽を明らかにすることである。このようなプロセスが推論である。法律文は，論理的な文の代表と考えてよい。

論理学と数理論理学という二つの言葉は，ほぼ同じ意味で用いられるが，あえて区別するならば，前者に対してより数学的な理論を構築して，推論の機械

化を志向したのが数理論理学といえるであろう。以後，本書では，これらの言葉を区別せずに用いることにする。

　論理学で扱う文は，通常の文とは二つの点で異なる。第1に，論理学では各文の真偽のみに着目する。そのため，詩歌などの文学的な表現は論理学の対象とはならない。法律文が論理的な文である，と述べたのは，このような理由による。第2に，数学的な扱いを可能にするために，表現の仕方に決まりを設けている。それは，構文規則と呼ばれている。決められた表現に対しては，機械的な推論が可能となる。

　本書では，おもに命題論理と，述語論理を取り上げる。命題は proposition の訳で，真偽の定まる文と同じ意味である。命題論理では，文と文をアンド，オア，ノット，ならば，などの結合子で結び付けて，新たな文を作り，そのような文の真偽を問題にする。

　命題論理は，コンピュータの動作原理を与えるブール代数と等価であることが知られている。ブール代数は，コンピュータの回路設計に本質的な役割を果たしてきた。本書では，設計問題にはほとんど触れず，主として論理における証明法にその焦点を当てる。それは，証明問題が論理学の主要な問題だからである。

　一方，述語論理での述語は predicate の訳で，自然言語の文法に出てくる述語のことである。言葉で表現すると，「～である」といった表現に対応する。述語論理は，ものとものの間に成り立つ関係の記述を行う。関係の例には，親子関係，クラスメート，隣人，師弟，時間割，因果関係などがある。構造も関係の一種である。構造の例には，組織構造，製品の部品展開，分子模型，音楽の構造，本の構成などがある。いま，時間割を例にして，関係の中身を調べてみよう。時間割は，講義名と担当者と教室と時間割スロット（曜日と時限）の関係を記述している。また，それらの関係は，いくつかの制約条件を満たさなければならない。例えば，「同じ担当者が同じスロットで別の講義を担当できない」とか，「同じ教室，同じスロットで別の担当者が別の講義を開講できない」などである。これらは，一般的な論理的関係の例である。

論理学は，なんの役に立つのであろうか。基本的には，それは世の中の現象の論理的な側面での問題解決を図ることを意図している。その際，初めに問題を表現しなければならないが，表現に使われるのが具体的な論理系であり，命題論理，述語論理，非単調論理などが知られている。問題をどこまで厳密に表現できるのかが，言語によって異なる。命題論理は，文が最小の表現単位で，述語論理では，文はいくつかの対象物の間の関係として表される。また，非単調論理では，デフォルト推論の機能を用いることによって，当たり前と思われる事柄についての事細かな記述が省略できる。これらの違いが，表現力の違いになる。命題論理と述語論理は，その論理体系が相似であり，命題論理の拡張として述語論理を位置付けることができる。さらに，非単調論理は，述語論理の拡張と考えられる。

以下に，本書で扱う数理論理学のいろいろな面での効用を明らかにしよう。その中には，本書の記述から逸脱した内容に関する事柄も含まれているが，数理論理学一般の効用を考えることは，入門書としての本書にとっても，意味のあることだと考えられる。

1.2 発想，帰納，非単調推論

初めに述べたように，数理論理学の主目的は，「真偽の定まった複数の文が与えられたときに，その文に関係した，一見真偽のほどが見分けのつかない文の真偽を決めること」であるが，ここでは，数理論理学をより広い範囲の思考活動のモデル化としてとらえたい。いい換えれば，主目的に直接かかわる「演繹」だけでなく，「発想」，および「帰納」に対する役割にも注目したい。

ここで，パースによる，演繹推論，帰納推論，発想推論の定義を与えよう。

● 定義 1.1

演繹推論：一般的ルールを特定のケースに当てはめて，結論を得る分析

　　　　　　　的過程

　　帰納推論：特定のケースと結論から，ルールを推論する合成的過程

　　発想推論：一般的ルールと結論から，特定のケースを推論する，もう一
　　　　　　つの合成的過程

　ここで，**一般的ルール**とは，「すべての人間は死ぬ」のような一般的事実を表す。また，**特定のケース**とは，「ソクラテスは人間である」のような個別の事実を表す。この二つから，**結論**として「ソクラテスは死ぬ」を得るのが，演繹推論である。一方，帰納推論は，特定のケース「ソクラテスは人間である」と結論「ソクラテスは死ぬ」から，一般的なルールとして「すべての人間は死ぬ」を得る。この場合，これだけでは不十分で，それらのいくつかの同様な例が与えられなければ，一般化することはできない。最後の発想推論は，もう一つの組合せ，すなわち一般的なルール「すべての人間は死ぬ」と結論「ソクラテスは死ぬ」から，特定のケース「ソクラテスは人間である」を得るプロセスである。ここで得られた特定のケースは，必ずしも正しいとは限らない。「人間なら死ぬ」が，必ずしもその逆は成り立たないので，死んだからといってその対象が人間とは限らないからである。「ソクラテス」は，犬につけられた名前かもしれないのだ！　演繹，帰納，発想の関係を**図1.1**に示す。

　非単調論理は，命題論理あるいは述語論理とは異質な論理であり，推論能力が異なる。非単調論理の目的は，ヒトが行っているより日常的な推論をモデル化することを起源にしている。それは，論理のもつ弱点を克服する試みでもある。その弱点とは，論理での記述量の問題である。世界のあらゆる事象を表現しつくすことは不可能である。さらに，時々刻々変化する世の中を記述しようと思うと，各時刻における世界の状態を記述しなければならないが，これは不可能である。一方，ヒトは表現を節約し，推論を高速に行っている。第1に，変化したもののみに注目し，それ以外の事柄についての真偽は変わらないと考える。例外がある場合の一般的な推論規則にも同様の状況が起こる。

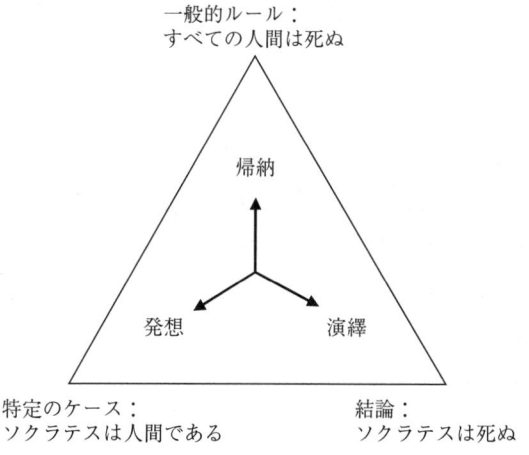

図 1.1　演繹，帰納，発想の関係

1.3　問　題　解　決

　人工知能の分野では，さまざまな問題に対する問題解決手法が考案されている。それらには，探索問題，分類問題，診断問題，計画問題，制約充足問題などがある。これらの問題は，数理論理学と深くかかわっている。例えば，探索問題は，証明問題と見なすことができる。それは，現在地からゴール地点へのパスを見つけ出す問題であるが，それはそのようなパスの存在を証明する問題を解けば，その答えの中に具体的なパスが見いだされるからである。

　分類問題では，分類規則を見つけ出すことが目的となる。特に，教師付き学習として知られている分類問題では，例えばいつエルニーニョ現象が起こるのかを過去のいろいろなデータから傾向を調べて予測するが，そのときに，エルニーニョ現象が起こりやすい場合と起こりにくい場合を分類する規則を抽出して，予測に役立てることになる。このような問題は，帰納推論の問題と考えることができる。そして，帰納推論は，命題論理，あるいは述語論理の上で形式化される。診断問題も同様である。病気の診断，あるいは故障診断を考えると，

それらは過去の症例を調べて，診断に役立つ傾向を探るので，教師付き学習問題と考えられるからである．

　計画問題は，探索問題に似ており，与えられたゴールを満足するための一連の行為の計画を求める問題である．計画問題で重要なのは，段取りである．例えば，家を建てる手順を計画する場合，始めに土台を作り，それから，柱，間仕切り，壁，屋根と手順を追って作っていく必要がある．これらの順序関係を満たしながら，各時点でなすべきことをあらかじめ決めるのが計画問題である．数理論理学により，このような問題に対する形式化を行うこともできる．しかし，この問題は行為による状態の変化を扱わなければならず，数理論理学が必ずしも得意な分野ではない．それは，もともとの命題論理，あるいは述語論理が，いわば静止した世界を記述し，そこでの関係性を論じているのに対して，計画問題は，変化する世界を扱わなければならないからである．本書では，この問題は本格的には取り上げないが，最近の発想論理プログラミングの研究の進展により，このような問題の扱いをも可能にしている．

　制約充足問題も，最近の研究の発展によって，数理論理学に基づく扱いが可能になった問題である．制約充足問題の典型的な問題にジョブスケジューリングがある．それは，加工機械が何台かあり，いくつかの製品を同時並行的に作っていかなければならないときに，どの機械をいつどの製品の作製に割り当てるのかを解く問題である．この問題は，組合せの数が多くて，解を求めるのが容易ではない問題として知られている．近年，この問題を解くのに，制約論理プログラミングという枠組みが有用であることが示された．それは，「論理＋制約解法アルゴリズム」の形をしたものである．制約としては，等式制約，不等式制約などがあり，それらのシステム中に線形計画法などの高速アルゴリズムが組み込まれている．

1.4 プログラミング

述語論理の部分集合である**ホーン論理**は，プログラミング言語 **Prolog** の基礎となっている．述語論理自身は，豊かな表現力を持つ知識表現言語であるが，ホーン論理は，その中から「計算」に適した部分集合を抽出したものと考えられる．詳しい説明は，本書の 7 章に譲るが，Prolog プログラムはホーン節の並びで作られ，各ホーン節は一つのゴールを達成するためのサブゴール列によって定義される．そして，Prolog プログラムの実行は，ゴールをサブゴールに展開するプロセスの繰返しによって行われる．また，論理学の言葉でいえば，それはゴールの証明過程に相当している．Prolog プログラムの特徴は，宣言的解釈と手続き的解釈の，2 通りの解釈ができる点である．宣言的解釈とは，Prolog プログラムを論理文の集合としてとらえ，その意味をモデル論を使って決める立場である．一方，手続き的解釈とは，上に述べた Prolog プログラムをゴールのサブゴールへの展開を指示するものとして，すわなち，問題解決の過程を表すものとしてとらえる立場である．このように二つのとらえ方ができることは Prolog プログラムの優れた特徴であり，プログラムの厳密な意味を定義できることにつながる．

一方，Prolog は，**再帰呼出し**と**バックトラック**という，二つの強力な制御の仕組みを持っているので，リスト処理から問題解決にわたる，広範囲のプログラムを容易に作ることができる．

1.5 その他の問題

論理学が扱うのは，物事の真偽であり，事実と事実の間の関連性である．論理学が不得意なものとしては，力学法則などの連続的に変化する多くの変数間の関数関係，および確率的に変動する現象，の二つがある．

1.5.1　論理学と連続関数

論理学が対象としているのは，個々の事象，あるいは事実であり，それらに名前を割り振って，事象間の関係を記述することから出発する．ところが，連続的に変化する現象では，個々の値に対する記述をしつくすことはできない．例えば，電圧 (V) は電流 (I) と抵抗 (R) の積であるので，式 $V = I \times R$ と表されるが，すべての電流値とすべての抵抗値に対してこの式を書き下すことはできない．じつは，この問題は簡単に解決できる問題ではない．第 1 に，論理学の基本構成要素は，対象や事実を表す記号であるが，記号を使って個々のものを表現する場合，例えば無理数は表現できない．われわれは，円周率を π と表し，平方根は $\sqrt{2}$ のように表すことによって，記号化できているが，それは，その数自身を表しているわけではない．われわれが述語論理の枠内で整数を表すときに用いる常套手段は，数字 0 と後続関数 (successor function) "s" を用いる方法で，数字の 0, 1, 2, 3, ⋯ は，$0, s(0), s(s(0)), s(s(s(0))), \ldots$ のように後続関数記号 s の入れ子構造を用いて，その入れ子の深さ，すなわち，s の数で整数を表現する．こうすれば離散的な対象は表現できるが，連続値を扱うことはできない．この問題に対して，実用的な観点から述語論理に実数関数の取扱いを付け足した制約論理プログラミングシステム[1]†が開発されている．

1.5.2　論理学と確率論

世の中の問題を表現するのに，論理とともに重要な形式化として確率がある．論理が扱う対象は，真偽が明確に定まる世界に限られているが，確率は，場合によって起こったり起こらなかったりするという不確定な現象を扱う．世の中の現象は，論理だけでとらえることもできないし，確率だけでとらえることもできない．論理的に真偽の定まる部分と，確率的にぶれる部分が同時に存在する．例えば，浜田山から湘南台に移動しようとしたとき，移動手段は自動車で行くのか，井の頭線で下北沢まで行って，そこから小田急に乗り換えていくのか，あるいは，渋谷を経由して，湘南新宿ラインで藤沢に行き，そこから小田急

---

† 肩付き数字は，巻末の引用・参考文献番号を表す．

に乗り換えていくのか，などに限定される．ところが，例えば，朝8時に出発したとして，湘南台に到着する時刻は，自動車で行く場合は道路の混雑度に左右されるし，電車で行く場合は，電車の遅れや，乗り換えの接続などに左右される．すなわち，所要時間は，確率的に変動する．コンピュータにしても，ほとんどの場合，正しい動作をし続けるが，まれに誤動作をする．誤動作の原因の一つに，宇宙線によってメモリの書き換えが起こることがある．このような現象は，確率的に起こるとする説明が最も妥当であろう．

論理と確率は，このように，物事の二つの異なる側面を記述するための数学的な道具であり，世界のモデル化には，その両者がともに必要である．どちらの側面を重視し，どのような問題を解決したいのかによって，論理によるモデル化を優先させるのか，あるいは確率によるモデル化を優先させるのかが決まってくる．

論理学と確率論の統合化の試みは，これまでもいくつかなされてきた．その中で最も精緻な理論化がなされているのが，佐藤泰介によるPRISMと呼ばれる形式化である[2]．PRISMは論理プログラミング言語の拡張という形で研究が進められ，実際に論理と確率が混在する世界のモデル化を可能にしている．

COMPUTER SCIENCE TEXTBOOK SERIES

2 論理と表現

本書では，与えられた問題の構造的，あるいは関係的な側面を記述する言語として，**命題論理** (propositional logic)，および，**述語論理** (predicate logic) の二種類の論理言語を取り上げる。

命題論理は述語論理の部分体系と見なせるので，本書では次章で命題論理を解説し，そのつぎに述語論理を解説するが，本章ではそれらの二つの論理に共通する性質とそれらの関係を説明する。

2.1 命題論理と述語論理

命題論理は，その名前が示すとおり，**命題**を基本構成要素とする論理言語である。

命題論理の主要な構成要素は，**文** (sentence) あるいは**命題論理式**と呼ばれるものである。各命題記号は最も単純な文であり，**原子文** (atomic formula) と呼ばれる。例えば，病気の診断問題に現われる各事実に「患者は微熱がある」: p，「患者はせきをする」: q，「患者は疲れやすい」: r，「患者の病気＝肺結核」: s のように命題記号を割り当てることにより，これらの事実は命題論理の文で表現できる。「夕焼けになる」，「翌日晴れる」などの事実も命題論理の文で表現できる。これらの文の特徴は，それらの真偽を問題にすることができる点である。通常の文の中で命題論理の文で表せない文には，感嘆文や命令文などがある。「おはようございます」，「こんにちは」，などのあいさつも，命題論理の文とはならない。これらの文はいずれも，正しいかあるいは間違っているかを問題にすることができないからである。

原子文よりさらに複雑な文を作るには，文どうしをつなげる**結合子** (connective) を必要とする．結合子は，算術での加減乗除のようなものである．結合子には，**連言** (conjunction), **選言** (disjunction), **否定** (negation), **含意** (implication), **同値** (equivalence) の5種類がある．それらは，記号 $\land$, $\lor$, $\neg$, $\Rightarrow$, $\Leftrightarrow$ で表される．これらの結合子の厳密な意味は3章で詳しく説明するが，それらを言葉で表すと，それぞれ，「かつ」，「または」，「～でない」，「ならば」，「等しい」のようになる．これらの複合文によって，一般的なルールを表現することができる．例えば，事実

「患者は微熱がある」 かつ 「患者はせきをする」

は，複合文 $p \land q$ で表され，患者の診断ルール

「患者は微熱がある」かつ「患者はせきをする」かつ「患者は疲れやすい」ならば

「患者の病気 ＝ 肺結核」

は，$p \land q \land r \Rightarrow s$ と表される．

命題論理の原子文は，それ以上分解することができない．「患者は微熱がある」を表す原子文 p は，ある特定の患者が微熱があることを意味しているが，命題論理では，どの患者が微熱があるかまでは記述できない．

述語論理 (predicate calculus) (あるいは**一階論理** (first order logic)) の主要構成要素も，命題論理と同様，文（論理式）である．より厳密には，**述語文**あるいは，**述語論理式**と呼ぶ．命題論理の文（命題文）は，それ以上分解できないが，述語文は，**対象**と**述語**（対象の性質または対象間の関係）の2種類の基本構成要素をもつ．対象は，文中に現れる主語や目的語が表すものであり，述語は動詞や形容詞などが表すものと考えてよい．「患者は微熱がある」の例では，対象はいま問題にしている患者であるので，その患者を患者1とすると，述語論理では，「患者1は微熱がある」という事実が表現できる．この表現は述語論理でも原子文である．述語は，この例のように一つの対象の性質を述べるだけ

でなく，二つ以上の対象の間の関係を述べるのにも用いられる．例えば，「地球は太陽の周りを回っている」という事実に対応する原子文は，地球と太陽という二つの対象の間の「回っている」という関係を表す．

述語論理を用いれば，このように，命題論理ではそれ以上分解できなかった原子文をさらに分解し，より精密な記述を行うことができる．述語論理では，命題論理に現れた結合子のほかに，**限量子** (quantifier) と呼ばれる記号を使うことができる．この記号には二つあり，それぞれ**全称限量子** (universal quantifier) $\forall$ と**存在限量子** (existential quantifier) $\exists$ である．全称限量子 $\forall$ は，「すべての X に対して〜」，存在限量子 $\exists$ は「ある X に対して〜」という文を作るのに用いられる．これらによって，世界のすべての対象に対して成り立つ事実，あるいは世界のある対象に対して成り立つ事実を表現することが可能となる．前者は連言の拡張であり，後者は選言の拡張である．

述語論理がその真の威力を発揮するのは，世界が無限の対象を含むときである．例えば，「すべての X に対して，もし X が自然数であれば，$X+1$ も自然数である」は，そのような文の例である．この文は，命題論理では表現できない．ところが，「すべての X に対して，もし X が太陽系の惑星であれば，X は太陽を回る」は，「水星は太陽を回る」，「金星は太陽を回る」などを命題とすれば，この文は，連言「水星は太陽を回る かつ 金星は太陽を回る かつ …」によって表現できる．

現実的には，関係の表現は，たとえ対象の数が有限でも困難となる．例えば述語論理で祖先関係を定義しようとすると，個々の親子関係が原子文で定義されていれば，後の述語論理の章で述べるように再帰的な文により簡単に定義できるが，命題論理では祖先関係を満たすすべての組合せを個別の原子文として定義しなければならない．

2.2 伴意

命題論理，あるいは述語論理での一番の関心事は，与えられた理論からゴールとなる文を導くことである。このような計算過程を**推論** (inference) と呼ぶ。推論にとって最も望ましい性質は，推論の正しさである。ところで，実際に正しい推論とはなにかという問題に対する答えは自明ではない。推論の正しさを保証するための前提となるのが，文の集合と文の間の**伴意** (entailment) と呼ばれる関係である。伴意関係は，与えられた文の集合からある文が導かれることを示すので，前者を特に**理論** (theory) と呼ぶ[†1]。「理論 G が文 α を伴意する」とは，「理論 G から文 α が論理的に導かれる」，あるいは「もし理論 G が正しければ，文 α も絶対的に正しい」というような意味である。ここで，「論理的に」とか，「絶対的に」などの言葉が出てくるが，それは理論 G が表現している問題によらずに，G に含まれる文の間の論理的な関係だけから正しいことが保証される，という意味である。われわれは，伴意関係「理論 G が文 α を伴意する」を $G \models \alpha$ と表すことにする。さらに，理論 G が単一の文 α のみからなるとき，$G \models \beta$ を $\alpha \models \beta$ と略記することにする[†2]。式 $G \models \alpha$ を**伴意式**と呼ぶ。伴意式は論理式ではないことに注意しよう。伴意式 $G \models \alpha$ の構成要素である G は論理式（文）の集合であり，α は論理式である。すなわち，伴意式は論理式の集合と論理式の間に成り立つ関係を表している。ここで，G を伴意式の**前提**と呼び，α を**帰結**と呼ぶ。

伴意関係は重要であるので，さらにいくつかの例で説明しよう。

★ 例 2.1 ★　　$(p \wedge q) \models p$ が成り立つ。これは，文 $p \wedge q$ が真であれば，p

---

[†1] 通常，理論という言葉は，相対性理論やゲーム理論などのように，個々の現象や事実を統一的に説明する体系的知識の意味で用いられるが，ここでは伴意関係に現れる文の集合を理論と呼ぶ。
[†2] われわれは，理論を表す記号として，G, H などを用いることにする。また，記号 α, β などは，p, q などと同様，命題文を表すが，前者は任意の命題文を表すのに用いているのに対して，後者は具体的な個々の命題文を表すのに用いる。

も真となるからである。

★ 例 2.2 ★　　$p \models (p \vee q)$ が成り立つ。これは，文 p が真であれば，$p \vee q$ も真となるからである。

★ 例 2.3 ★　　いま，図 2.1(a) のような二つの橋を持つ 2 経路世界を考える。この世界では，橋 1 = 通行可 あるいは 橋 2 = 通行可 ならば，旅行者は地点 A から地点 B に到達できる。いま，橋 1 = 通行可 および 橋 2 = 通行可 をそれぞれ命題記号 b_1, b_2 で表し，到達可能性を命題記号 r で表すものとする。このプロセスは，記号化である。すると，この地図の到達可能性は，複合文 $(b_1 \vee b_2) \Leftrightarrow r$ で表される。すなわち，旅行者が地点 A から地点 B に到達できるのは b_1, b_2 の少なくとも一方が 通行可 であるとき，かつそのときのみである。ここで，$i = 1, 2$ に対して，$\{b_i, (b_1 \vee b_2) \Leftrightarrow r\} \models r$ が成り立ち，$\{b_1, b_2, (b_1 \vee b_2) \Leftrightarrow r\} \models r$ も成り立つ。

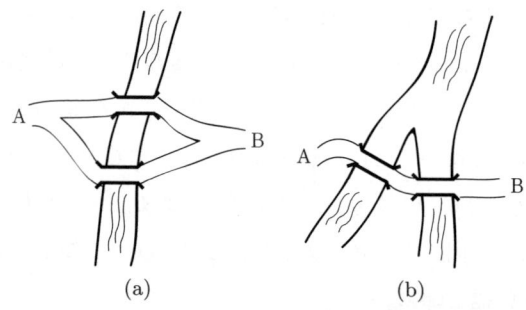

図 2.1　二つの橋を持つ経路の到達可能性

一方，図 (b) のような二つの橋を持つ 1 経路世界は，同じ記号化の下で，複合文 $(b_1 \wedge b_2) \Leftrightarrow r$ で表される。すなわち，この場合，旅行者が地点 A から地点 B に到達できるのは b_1, b_2 の両方がともに 通行可 であるとき，かつそのときのみである。ここで，b_1 あるいは b_2 単独では $(b_1 \wedge b_2) \Leftrightarrow r$ とともに r を伴意しない。すなわち，橋 1 あるいは 橋 2 のみが通行可であっ

ても，旅行者は地点 A から地点 B に到達できない．ここでの伴意関係は，$\{b_1, b_2, (b_1 \wedge b_2) \Leftrightarrow r\} \models r$ で与えられる．

2.3 推論

実世界の事実を命題論理や述語論理で表す目的は，それらの論理が持つ，表現対象によらない普遍的な推論手続きを利用するためである．推論という言葉はあまりなじみがないかもしれない．論理では，ある理論 G から与えられた手続きに従ってある文 α を導く過程を**推論**と呼ぶ．推論によって G から α を導く過程は単純ではなく，多くのステップを踏んでなされる．その一つ一つのステップは，推論規則の適用である．推論規則は，つぎのような推論図式によって表される．

$$\frac{\Gamma}{\alpha}$$

ここで，Γ は論理式の並びで，α は一つの論理式である．

推論には，正しい理論から正しい文を求める演繹推論がよく知られているが，このほか，つじつま合せの推論である発想推論や，いくつかの文を一般化する帰納推論も推論の一種である．本書では，これらの推論についても取り上げる．

2.3.1 演繹推論

演繹推論 (deduction) は，正しい結論を導く推論である．演繹推論の推論規則の代表として，モーダスポーネンス (modus ponens) がある．それは，「**文 α および文 $\alpha \Rightarrow \beta$ から文 β を導く**」規則であり，推論図式を用いれば

$$\frac{\alpha, \alpha \Rightarrow \beta}{\beta}$$

のように表される．ここで，文 $\alpha \Rightarrow \beta$ を**大前提**，文 α を**小前提**，文 β を**結論**と呼ぶ．1 章では，大前提は一般的ルール，小前提は特定のケースと呼んだ．この規則は，α および β がなにを表しているかにかかわらずつねに正しい．いま，

α が「患者は微熱がある　かつ　患者はせきをする　かつ　患者は疲れやすい」を表し，β が「患者の病気=肺結核」を表すものとすると，肺結核の診断規則は文「α ならば β」で表される．このことから，もし，いま診断している患者が微熱があり，せきをして，かつ，疲れやすければ，α は真となり，これと診断規則をモーダスポーネンスに当てはめることによって，いま診ている患者が肺結核であることが導かれる．

2.3.2 発想推論

発想推論 (abduction) は，必ずしも正しい結論を導かないので，従来，数理論理学の教科書ではあまり取り上げられてこなかった．しかし，日常的な推論の多くは，発想推論となっている．発想推論の代表的な例が，犯人を絞り込むときのアリバイのチェックである．ある人物が犯人であることを命題記号 c で表し，同じ人物がアリバイがないことを na で表すと，正しい論理式は，$c \Rightarrow na$，すなわち「ある人物が犯人ならば彼にはアリバイがない」という事実である．その事実と，ソクラテスが犯人であること（c が成り立つこと）から，アリバイが成り立たないこと（na が真であること）が演繹的に導かれる．ところで，実際にはこの逆の推論を行う．より厳密にいえば，小前提と大前提から結論を導く代わりに，結論と大前提から小前提を導いている．すなわち，ソクラテスがアリバイが成り立たないこと（na が真であること）から，彼が犯人であること（c が成り立つこと）を想定するわけである．すなわち，ソクラテスのアリバイが成り立たない場合，彼が犯人であると考えると，その事実を矛盾なく説明できる．そのようにして犯人を絞り込むわけである．この推論規則を推論図式で表現すると

$$\frac{\beta, \alpha \Rightarrow \beta}{\alpha}$$

となる．

発想推論は，つねに正しい結論を導くわけではない．アリバイが成り立たなくても，たまたま不在証明をしてくれる第三者がいなかった場合もある．それは，

状況証拠の一つにすぎない。むしろ，アリバイの成り立つ人を容疑者の対象から外すのがその本来の目的である。演繹推論は正しい推論であり，理論 G から文 α が演繹的に導かれたなら，G は α を伴意するが，発想推論の場合，これは成り立たない。上の例では，$\{c, c \Rightarrow na\} \models na$ は成り立つが，$\{na, c \Rightarrow na\} \models c$ は成り立たない。

　発想推論は観測事実を説明する仮説を立てていることになるので，そのような推論方式はいろいろな場面で有用である。例えば，一般的な科学研究では，仮説を立てることから出発することが多い。その場合，ここで述べた発想推論を機械的に行えば，科学研究に対する手助けとなるであろう。ニュートンの万有引力の発見も，その仮説がりんごが木から落ちる現象をうまく説明することから始まったと考えられる。

2.3.3　帰納推論

　帰納推論 (induction) は，多くの例からの一般化の推論である。手に取ったりんごがすべて赤いとき，「りんごは赤い」と思うであろう。これが帰納的一般化である。帰納的一般化の対象になるのは，この例からもわかるように一般的なルールであり，論理式で表現すれば含意記号 $\Rightarrow$ によって表される式である。犯人とアリバイの例を用いれば，$c \Rightarrow na$ が求めるべき一般的ルールである。ところで，このルールをなにから求めるのであろうか。上で述べた発想推論的な考え方をすれば，理論 $\{c, na\}$ から求められる帰納推論はすなわち，推論図式

$$\frac{\alpha, \beta}{\alpha \Rightarrow \beta}$$

で与えられるということになるが，じつはこれは正しくない。というのは，この図式は帰納的な一般化になっていないからである。すなわち，複数の事件での犯人に対して，彼らがすべてアリバイがないことを確認して初めて，ルール $c \Rightarrow na$ が成り立っているに違いないと帰納的に推論できるのである。

　言い換えれば，帰納推論は，演繹推論あるいは発想推論と異なり，その中に論理以外の仕組みを必要とする。それは，帰納的な一般化の部分であり，**確証**

(confirmation)を得る作業が必要になる．確証を得るためには，多くの事例に当たって，そのルールの確からしさを検証しなければならない．物事の確からしさを調べる理論としては，論理学よりも確率論のほうが有効であり，特に得られた証拠から確からしさを確率的に計算するベイズの定理は，証拠と確からしさを直接結び付けている．

帰納推論のもう一つの側面は，得られたルールの表現そのものに関係している．われわれが一般化を行う目的は，一般化によって多くの事実を簡潔に表現したいからである．すなわち，ここで表現の簡潔性が問題となる．この問題は，**情報量基準** (information criteria) として知られている．それは，記号化されたルールの記号長を問題にする理論で，情報理論が基になっている（図 **2.2**）．

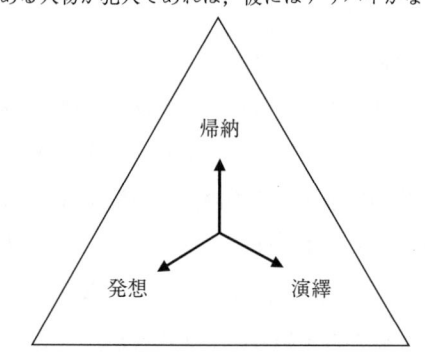

図 **2.2** 演繹，帰納，発想の関係

2.4 論理による世界の表現とモデル

命題論理や述語論理で物事を表現する目的は，真偽についての一般的法則性を利用して問題を解決することである．このとき，まず行うことは，世界の抽象表現を与えることである．実世界は多様な構成要素，および，それらの間の

関係から成り立っているが，ある問題を考えると，その中の一部分を切り出せばよい．患者の診断問題であれば，患者に関する事実の中で，病気の診断に関係する事実のみを表現すればよい．

患者に関する事実の中には，生年月日や学歴，職業，趣味などの情報が含まれるが，これらは病気の診断問題とは無関係なので，表現する必要はない．これは，問題の抽象化にほかならない．問題の各事実についての細部は無視（捨象）して，特定の属性に関する真偽のみを問題にするわけである．このようにして与えた世界の抽象表現はその世界の**モデル** (model) と呼ばれる．

モデルの表現は，考えている論理体系で異なる．それが命題論理であれば，モデルは個々の成り立っている事実の集まりである．{「患者は微熱がある」,「患者はせきをする」,「患者は疲れやすい」,「患者の病気=肺結核」} は，モデルの例である．このモデルでは，これらの個々の事実が個々の対象を参照することはできない．

論理体系が述語論理なら，モデルは対象間に成り立つ（あるいは成り立たない）事実の集まりである．{「患者1は微熱がある」,「患者1はせきをする」,「患者1は疲れやすい」,「患者1の病気=肺結核」,「患者2は微熱がある」,「患者2はのどがはれている」,「患者2の病気=風邪」} は，述語論理に対するモデルの例である．

つぎに行うことは，モデルの各要素に対して，命題記号，あるいは述語記号および対象記号を対応させることである．このような記号化を**割当て** (assignment) と呼ぶ．いったんモデルの各要素を命題記号，あるいは述語記号および対象記号に翻訳できれば，後は論理体系のもつ推論能力によって，事実の集合から論理的に導かれる新たな事実を知ることができる．

命題論理での割り当ての例は，例2.3で与えた．以下に，上記の述語論理のモデルに対する割当ての例を与える．記号の割当てのための詳しい構文規則は，4章で与える．

★ **例 2.4** ★　　「患者1は微熱がある」を，述語記号 *slight_fever* と患

者 1 を示す対象記号 $patient1$ によって $slight\_fever(patient1)$ と表すことができる。同様に，「患者 1 はせきをする」は，述語記号 $cough$ により，$cough(patient1)$ のように表せる。「患者 1 の病気＝肺結核」は，病気を表す述語記号 $disease$ と肺結核を表す対象記号 $lung\_tuberculosis$ により，$disease(patient1, lung\_tuberculosis)$ と表すことができる。また，患者の病気が肺結核であることを示す述語記号 $suffers\_from\_lung\_tuberculosis$ を用いると，$suffers\_from\_lung\_tuberculosis(patient1)$ のように表すこともできる。このように，モデル中の事実の表現方法は，多様である。その他の事実も同様な表現が可能である。

記号の割当ての逆に，命題論理あるいは述語論理の文が与えられたときに，それがモデルにおいてなにを意味するかを与えるのが**解釈** (interpretation) である。解釈は，推論の結果得られた文がモデルあるいは実世界でなにを意味するかを与える†。

実世界の抽象によるモデル化，モデルに対する論理表現の割当て，論理における文と文の伴意関係，解釈の関係を図 2.3 に示す。この図で，モデル化された事実を抽象事実とした。論理表現である文（の集合）からほかの文が伴意され

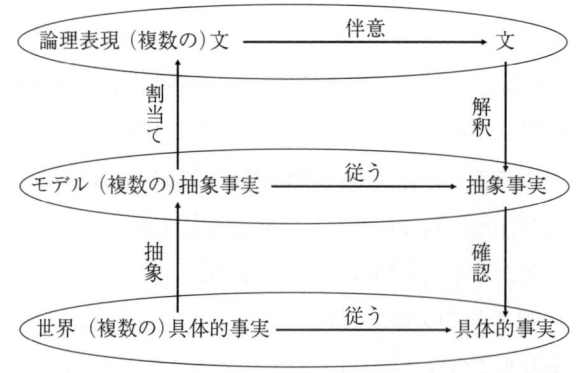

図 2.3　世界，モデル，論理表現の対応関係

---

† 本章では，解釈としては，命題記号，あるいは述語記号，および，対象記号の実世界への対応付けのみを考え，それらの真理値の割当ては解釈には含めていないが，3 章以降では，それらも解釈に含まれる。

ることがわかったとき，その記号表現に対するモデル内での抽象事実は記号表現の解釈によって与えられる。また，その抽象事実に対する具体的事実は，確認作業によって，本当に成り立っていることが理解される。

ヒトの大脳には，ちょうど世界の抽象表現に対応する世界モデルを構築している部分があるといわれている[3]。図 2.4 に示すように，それは前頭側頭連合野という領域である。この領域に対して，前頭前連合野から，運動を行う際に筋肉に対する指令を発するように，概念に対する操作指令が発せられて，思考が進行すると考えられている。この働きは，世界を表現する論理文に対して，推論操作を行うのに似ている。さらに，外部世界につながる感覚運動野は，図 2.3 での世界からモデルを構築する抽象化に対応していると考えられる。すなわち，感覚器官は世界から関心のある事柄に焦点を当てて，必要な情報のみを切り出す役割を果たしていると考えられる。このような両体系の類似性は，論理による推論方式の，高度な推論を実現するための方式としての妥当性を示唆している。

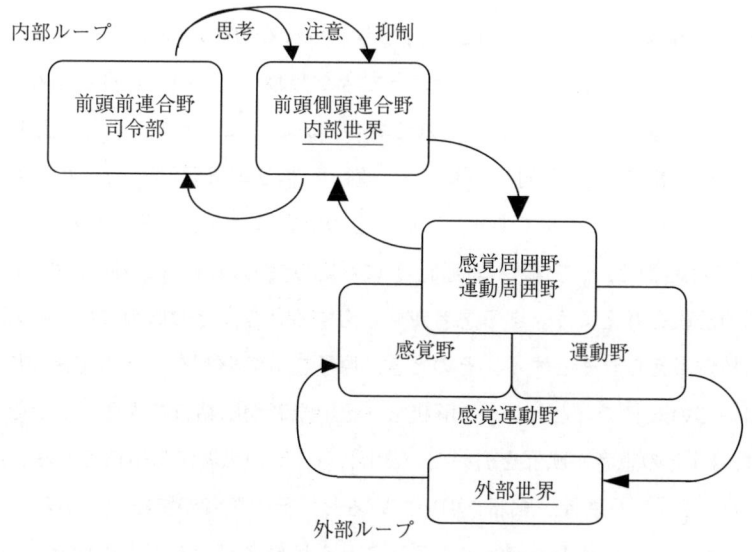

図 2.4　大脳各部の役割とその関係

2.5　推論手続きの健全性と完全性

すでに述べたように，G から α が論理的に導かれるとき，G が α を伴意するといい，$G \models \alpha$ と表す。

ところで，どのようなときに「理論 G から文 α が論理的に導かれる」のであろうか。この質問に答えるために，まず，文のモデルについてのやや形式的な定義をしよう。

●**定義 2.1**　ある文に対する**モデル**は，その文が成り立つような抽象化された世界のことである。

モデルは，文の集合に対しても同様に定義できる。その場合，文の集合を構成するすべての文が成り立たなければならない。

★**例 2.5**★　初めに，図 2.1(a) で与えられる OR 地図での文 $p \vee q$ のモデルについて考えてみよう。すでに見てきたとおり，この文が真となるのはこの地図で地点 A から B にたどれる場合である。このとき，世界 {橋 1 = 通行可}，{橋 2 = 通行可}，{橋 1 = 通行可, 橋 2 = 通行可} は，いずれも文 $p \vee q$ に対するモデルである。このときの解釈は，原子命題 p を 橋 1 = 通行可 に対応させ，q を 橋 2 = 通行可 に対応させている。この同じ文に対する別の解釈を考えよう。ある患者がせきをするとき，その原因には，風邪と肺結核が考えられるとする。そのとき，原子文 p の解釈を「その患者が風邪を引いている」こととし，q の解釈を「その患者が肺結核である」こととすれば，{「その患者が風邪を引いている」}，{「その患者が肺結核である」}，および，{「その患者が風邪を引いている」，「その患者が肺結核である」} は，いずれも文 $p \vee q$ のモデルである。これらは患者がせきをする世界を表している（患者が風邪と肺結核の両方を患っているときにも当然せきをすると考

えられる)。

つぎに，文 $p \wedge q$ のモデルについて考えてみよう．図 2.1(b) で与えられた AND 地図で，地点 A から B にたどれるときが，この文が真となる場合に相当する．このとき，文 $p \wedge q$ に対する一つのモデルは，このような世界の抽象表現，すなわち，{橋 1 = 通行可, 橋 2 = 通行可} である．このときの解釈は，原子命題 p を 橋 1 = 通行可 に対応させ，q を 橋 2 = 通行可 に対応させている．同じ文に対する別のモデルの例として，ある与えられた数が 6 の倍数である世界を考えよう．その数を 2 あるいは 3 で割ったときの余りをそれぞれ r_1，r_2 で表したとき，原子命題 p の解釈を $r_1 = 0$，q の解釈を $r_2 = 0$ とすれば，その解釈の下で，文 $p \wedge q$ はその数が 6 の倍数である世界を表している．すなわち，そのモデルは，$\{r_1 = 0, r_2 = 0\}$ である．

以上の例が示すように，一つの文に対するモデルは，第 1 に，同一の解釈の下で複数存在し得る．また第 2 に，解釈の違いによって異なったモデルが存在する．同一の解釈の下での複数モデルは，その文の真理値のパターンによってもたらされる．一方，解釈の違いは，同じ文が異なる問題を表現し，そこでの各問題を解決し得ることを示している．

前節では，初めに問題が与えられたときに，その問題を表現するための抽象世界の表現としてモデルを考え，つぎにそのモデルの論理表現，すなわち文を与える，という筋道をたどった．ところが，ここでは逆に，まず文が与えられ，つぎにその文に対するモデルが導入される，という順番を考えている．これは，問題解決という観点からすれば不自然であるが，一度，論理言語の文に翻訳された後，文の構造のみに着目して推論が行われることを考慮すれば，妥当である．特に，同じ文に翻訳された問題について考えると，その推論は問題ごとにやり直す必要はなくなる．異なるのは解釈だけである．「文のモデル」という表現は，この意味からすれば妥当であるが，それは文の抽象表現を意味しない．それは，本来なら「世界のモデルに対応する文」と表現するべきである．

つぎに，ここで与えた文および文の集合のモデルを用いて，**伴意の定義**を与

えよう。

● **定義 2.2** 　任意の理論 G と任意の文 α に対して，もし G のすべての
モデルが α のモデルでもあれば，G は α を伴意する。

　まず，この定義が妥当であることを示そう。そのためには，ある理論 G の「すべてのモデル」の意味を知らなければならない。それは，理論 G が成り立つすべての世界を考えることを意味している。もしそのどの世界をとっても文 α が成り立っているならば，G が真であれば必ず α も真であることがいえるので，G から α が論理的に，あるいは必然的に成り立つと考えてよいであろう。

　演繹推論手続きが満足すべき性質は，二つある。第1は，推論手続きによって得られた結論がモデル論に照らして正しくなければならない，という性質であり，**健全性** (soundness) と呼ばれる。健全性の要請は，演繹推論の結果の信頼性にかかわるので，演繹推論にとって必須である。第2は，モデル論によって正しいことが知られているすべての結論を導ける，という性質であり，**完全性** (completeness) と呼ばれている。完全性の要請は，その推論手続きを用いれば正しい答えが漏れなく得られることを保証するので，網羅的な探索をする場合にはなくてはならない。

　演繹推論に対しては，健全性および完全性が成り立つ証明手続きが望ましい。命題論理と述語論理の演繹推論体系は，モーダスポーネンスを拡張した，ただ一つの推論規則からなる**融合法** (resolution) と呼ばれる共通の推論手続きを有する。融合法は，この両方の論理体系において，健全で，かつ完全である[†]。もちろん，述語論理の融合法は，変数の扱いのための処理が付け加えられている。また，命題論理は，その論理体系が単純なので，任意の文から他の任意の文が伴意されるか否かを調べる決定的なアルゴリズムが存在する。一方，述語論理にはそのような強力な証明法は存在しないことが知られている。しかしながら，

[†] 厳密には，3章で述べるように，融合法は述語論理に対しては，反駁証明に対してのみ完全である。このような完全性を**反駁完全性**という。

ある文からある文が伴意されるような場合にそのことを有限時間で示すことのできるアルゴリズムは存在する（命題論理との違いは，ある文からある文が伴意されないときに，その事実を有限時間で示すことが保証できない点である）。このため，述語論理は**準決定的** (semi-decidable) であるといわれる。そして，述語論理のための融合法はそのような証明法の例である。

一方，発想推論および帰納推論は，完全性は無論，健全性ですら保証されない。発想推論はつじつま合せによる仮説の生成であり，新たな証拠の出現によって，それまでに得られた仮説は覆されるかもしれない。例えば，考古学で人類の誕生の時期が問題にされるが，それは新たな証拠が見つかるとその時期がだんだんさかのぼっていく。状況証拠による犯人の特定でも同様である。帰納推論でも同様に，得られたルールは現在あるデータに対しては成り立っているが，新たなデータの出現に対しては，その正当性は保証されない。

発想推論および帰納推論での具体的な推論手続きは，それぞれ本書の8章，および9章で紹介する。

2.6　モデル論と証明論

論理式の正しさを示すのに伴意関係を調べる，という立場は，**モデル論** (model theory) といわれる。ところで，伴意式で与えられた証明問題を，定義どおりに G のすべてのモデルが α のモデルでもあることを調べるのは，手間がかかりすぎる。実際，G が n 個の命題記号を含んでいるとすれば，G のモデルの候補はそれらの n 個の命題記号に対する真偽の割当てのすべての組合せとなる。これらの各場合について，初めにそれが G のモデルになるか否かを調べ，もしモデルになれば，さらに α が成り立つか否かを調べなければならない。命題論理の場合でさえ，3章で示すように，その手間は文に現れる命題記号の数に対して指数関数的に増大する。

一方，論理学では，証明，あるいは証明図と呼ばれる証明過程の記述様式を対象とする，**証明論** (proof theory) と呼ばれている数学的体系が構築されてき

た。証明手続きは，通常，いくつかの公理と推論規則から構成される。ここで，公理とは正しいことが保証された論理式の形のことを指す。後述するヒルベルト流の証明法に出てくる公理の一つは，$\alpha \Rightarrow (\beta \Rightarrow \alpha)$ というものであるが，この式において，α や β などは任意の文を表している。そして，文集合 G に公理を加えたものの中からいくつかの文を選んで，それらに対して一つの推論規則を適用して，新たに成り立つ文を生成する。その過程を繰り返すことによって，目的とする文 ω を導くのがその推論法，あるいは証明法である。このような推論法には，いくつかの種類が知られている。第1のヒルベルト流の体系は公理を豊富にして推論規則を最小限にするアプローチで，それに対して第2のゲンツェン流の体系は公理は最小限に止めて推論規則を豊富にするアプローチである。第1のアプローチは，与えられた文を公理体系に合致するように変形しなければならないので，人間にとって理解が困難であるが，推論プロセスが簡潔で，ゲーデルの完全性定理の証明に適していることが知られている。第2のアプローチは，与えられた文を変形せずにそのまま使うので，推論過程が自然で，人間にとって理解しやすい。そのため，ゲンツェン流の体系は自然演繹法と呼ばれている†。本書では，3章以降で上記のいずれでもないロビンソンによって導入された融合原理による推論体系を主として取り上げるが，ゲンツェンの自然演繹法は証明自身についての考察を含んでおり，その理論体系は数学理論としての完成された美しさを備えているので，本書の一章を割いて，5章でその紹介を行いたい。

　融合原理の特徴は，公理を必要とせず，しかも推論規則は融合規則だけである。この推論体系の特徴は，第1に，その単純性から，コンピュータによる機械的な扱いに最も適している。第2に，論理式の表現はヒルベルト流と同様，制限された表現を用いるが，その表現は直感的に理解しやすく，ルールとして読むことができる。ただし，本体系は万能ではなく，この後で述べるように，完

---

† ゲンツェンの証明論には，自然演繹法のほかに，**シーケント計算** (sequent calculus) が知られている。また，この両者ともに，古典論理と直観主義論理の二つの論理体系が開発されている。

全性に制限が付く。

推論手続きによって，文集合 G から文 α が導かれるとき，G から α が**推論される**，あるいは**証明される**，といい，$G \vdash \alpha$ と表す。ここで，記号 $\vdash$ は，伴意記号 $\models$ とは異なることに注意しよう。また，この式を**推論式**と呼ぶ。推論式も伴意式と同様に論理式ではないことに注意しよう。

推論式は，推論手続きに依存するので，必要なら推論手続きを明示する。本書では，演繹推論の推論式として，融合規則のみを用いる推論手続き $\vdash_r$，および，融合規則に包摂と呼ばれる規則を追加した推論手続き $\vdash_d$ を導入する。詳しくは，4章で述べる。

まとめると，モデル論は伴意関係の定義を与えていると考えてよい。その定義に基づいて，文集合が与えられたときに，ある論理式が成り立つかどうかを，文集合が真となるすべての世界でのその論理式の真理値を調べることによって確かめることができるが，それはあくまで原理の話である。演繹推論における証明論は，伴意関係の正否を確かめる具体的な手続きに関する議論であり，特定の証明手続きの正しさの証明は，モデル論を基にしてなされる。いったん，ある証明手続きの正しさが示されれば，具体的な証明は，モデル論によらずに，より効率のよい証明手続きによってなされる。

演 習 問 題

【1】 命題論理で表せないが，述語論理では表せる文の例を挙げなさい。

【2】 命題論理と述語論理の本質的な違いはどこか。

【3】 例 2.3 に現れた論理式 $(b_1 \vee b_2) \Leftrightarrow r$ が成り立つような，命題記号 b_1，b_2，および，r の異なる解釈および世界を与えなさい。同様に，$(b_1 \wedge b_2) \Leftrightarrow r$ が成り立つような解釈および世界も与えなさい。

【4】 アリバイ以外の発想推論の具体例について考えてみよう。例えば，病気の診断で，発想推論は行われるか。

【5】 時刻表を調べる例を用いて，推論手続きが健全でなかった場合，および，完全でなかった場合にどのような不都合が起こるのかを述べなさい。

【6】 モデル論と証明論の役割の違いを述べなさい。
【7】 伴意式，推論式，論理式の違いを述べなさい。
【8】 $a \wedge b$ は a を伴意するか。$a \wedge b$ が成り立つあらゆるモデルを想定して，そのどの場合にも a が成り立つかどうかを調べなさい。
【9】 前の問題と同様な手続きにより，a が $a \vee b$ を伴意するかどうかを調べなさい。
【10】 連立方程式を解く問題を考え，その中で伴意の関係を見つけなさい。
【11】 図 2.4 において，感覚野は図 2.3 のどの部分に対応しているか。運動野，および，頭頂側頭連合野はどこに対応しているか。

3 命 題 論 理

本章では，命題論理の形式的な定義を与える．まず初めに，命題論理の形式的な成り立ちを示す構文，その数学的な意味，および世界との対応関係を与える解釈について説明する．つぎに命題論理の分類を与え，さらにその標準形を定義する．それから，命題文の真偽を判定する手段として推論の考え方を紹介し，いくつかの推論手続きを導入する．

3.1 命題論理の構文・意味・解釈

3.1.1 構　　　文

2章でも述べたように，命題論理は個々の命題文を対象とする論理体系である．論理体系を形式的に定めるためには，その構文および意味を定める必要がある．まず初めに，構文を定める．

命題論理に出てくる記号は，論理定数，命題記号，結合子，および，括弧の4種類である．

命題論理における論理式を**命題文**，あるいは単に**文**と名付けることにする．いま，命題記号の集合が与えられたとき，それらの要素を用いて作られる可能なすべての文を以下のように定義することができる．

● **定義 3.1** （命題文の構文）
 1. 論理定数 $true$ と $false$ は，文である．
 2. p, q のような命題記号は，文である．

3. 以下に示すように，より簡単な文から結合子によってさらに複雑な文が作られる。

- 二つの文を連言記号 ∧ でつなげて括弧でくくったものは，文である。
- 二つの文を選言記号 ∨ でつなげて括弧でくくったものは，文である。
- 文の頭に否定記号 ¬ を付けて括弧でくくったものは，文である。
- 二つの文を含意記号 ⇒ でつなげて括弧でくくったものは，文である。
- 二つの文を同値記号 ⇔ でつなげて括弧でくくったものは，文である[†]。

4. 1から3で作られるもののみが文である。

この定義によって，与えられた命題記号の集合によって作られるすべての文が定義できた。この定義は，文の定義に自分自身を使っているので，再帰的定義と呼ばれている。文のうち，命題記号によって与えられる文を**原子文**と呼び，それ以外のより複雑な文を**複合文**と呼ぶ。連言記号によって作られた文を**連言文**と呼ぶ。**選言文，否定文，含意文，同値文**なども同様に定義される。また，原子文およびその否定を**リテラル**と呼ぶ。リテラルは，本章の最後で，文の標準形を定義するのに用いられる。

含意文 $\alpha \Rightarrow \beta$ は，知識，特に規則の表現に用いられる。含意の左辺 α は規則が成り立つための条件を表し，**前提**と呼ばれる。一方，含意の右辺 β は規則の結論を表し，**結論**と呼ばれる。

同値記号は，後で述べるトートロジーの例を与えるのに用いられる。

[†] 同値記号は結合子に含めないことが多いが，本書では Stuart Russell & Peter Norvig 著 "Artificial Intelligence: A Modern Approach"（古川康一監訳：エージェントアプローチ—人工知能，共立出版 (1997)）[4] に準じて，それを結合子に含めることにした。

★ 例 3.1 ★　　命題記号の集合 $\{p, q, r\}$ が与えられているとする。

1. 文 p, q, r, $true$ および $false$ は，原子文である。
2. 文 $p \wedge q$, $p \wedge r$ および $q \wedge true$ は，連言文である。
3. 文 $p \vee q$, $p \vee r$ および $q \vee false$ は，選言文である。$p \vee (p \wedge r)$ も選言文である。
4. 文 $\neg p$, $\neg(p \wedge q)$, $\neg(p \vee false)$ は，否定文である。
5. 文 $p \Rightarrow q$, $p \Rightarrow (q \wedge r)$, $(p \wedge q) \Rightarrow false$ は，含意文である。含意文 $p \Rightarrow q$ において，p が前提で，q が結論である。
6. 文 $p \Leftrightarrow q$ および $(p \vee q) \Leftrightarrow \neg((\neg p) \wedge (\neg q))$ は，同値文である。
7. p, q, r, $\neg p$, $\neg q$ および $\neg r$ は，リテラルである。

例 3.1 の中で，$\neg(p \wedge q)$ や $(p \vee q) \Leftrightarrow \neg((\neg p) \wedge (\neg q))$ などでは，いくつかの結合子が一つの文中に同時に現れているが，そのようなとき，結合子間の結合の強さに四則演算と同様の順序付けをすることにより，括弧を省略することが可能となる。五つの演算子を結合力が強い順に並べると，$\neg$, $\wedge$, $\vee$, $\Rightarrow$, $\Leftrightarrow$ の順となる。この結合順序を用いると，例えば文 $\neg(p \wedge q)$ は括弧を外すことができないが，文 $(p \vee q) \Leftrightarrow \neg((\neg p) \wedge (\neg q))$ は，$p \vee q \Leftrightarrow \neg(\neg p \wedge \neg q)$ のように書くことができる。すなわち，例えば，$(\neg p) \wedge (\neg q)$ において，$\neg$ のほうが $\wedge$ よりも結合力が強いので，$(\neg p)$ および $(\neg q)$ の括弧を外してもよい。

3.1.2　意　　味

前章でも述べたように，命題文は，世界を真偽のみに着目して抽象化している。通常の文の意味は，その文の内容を反映して，感情や感覚などに直結していることが多いが，命題文の場合，その真偽のみが意味を持つ。例えば，「りんごは甘い」という事実を命題 p で表すとすれば，それが正しいか否かだけが問題となり，実際に食べたときの快い感じなどといったわれわれが感じ取ることができる意味内容は捨ててしまっている。

以下に，命題文の意味の与え方を示す。

● **定義 3.2** （命題文の意味）
- 文 $true$ は真を意味し，$false$ は偽を意味する。
- p, q のような原子文は，真偽の両方の意味を取り得る。
- 結合子によってできる文の意味は**表 3.1** の**真理値表**によって定まる。

表 3.1 各結合子に対する真理値表

p	q	$\neg p$	$p \wedge q$	$p \vee q$	$p \Rightarrow q$	$p \Leftrightarrow q$
$false$	$false$	$true$	$false$	$false$	$true$	$true$
$false$	$true$	$true$	$false$	$true$	$true$	$false$
$true$	$false$	$false$	$false$	$true$	$false$	$false$
$true$	$true$	$false$	$true$	$true$	$true$	$true$

真理値の表現としては，$true$, $false$ の代わりに 1,0 を用いることも多い。以下では，真理値は 1,0 で表現する。そうすると，上の真理値表は**表 3.2** のように表される。

表 3.2 各結合子に対する真理値表の 1,0 表現

p	q	$\neg p$	$p \wedge q$	$p \vee q$	$p \Rightarrow q$	$p \Leftrightarrow q$
0	0	1	0	0	1	1
0	1	1	0	1	1	0
1	0	0	0	1	0	0
1	1	0	1	1	1	1

結合子によって結合された文の意味は，連言，同値，否定については，自然であり，納得できるであろう。しかし，選言と含意の意味は常識的な意味と異なっていると感じるかもしれない。選言の $p \vee q$ は，「p あるいは q」と読めるので，それが真となるのはどちらか一方が真の場合と考えるかも知れない。しかし，論理学では，p, q が両者とも真となる場合も $p \vee q$ は真となると考える。つぎは含意の意味である。例として，ことわざ「雨降って地固まる」を考えよう。このことわざが正しいためには，「雨が降る」が真となるとき，「地固まる」

も真となることである。それ以外の場合については，このことわざはなにも言及していないので，「雨が降らない」場合については，「地固まる」が真となっても偽となっても構わない。「雨が降る」を p とし，「地固まる」を q とすれば，以上の観察から，$p \Rightarrow q$ は p が真で q が偽のとき以外は真となることがわかるであろう。すなわち，雨が降っても地が固まらない場合のみ，このことわざが偽となるわけである。ここで重要なのは，このことわざの真偽を問題にしている点である。ことわざの真偽が含意文の真偽に相当するからである。

結合子の完全性

われわれは，結合子として，$\wedge$, $\vee$, $\Rightarrow$, $\Leftrightarrow$, $\neg$ の5種類を定義したが，この選択には，必然性があるわけではない。実際，$\Rightarrow$, $\Leftrightarrow$ の二つは不要である。それは，$\alpha \Rightarrow \beta$ は $\neg \alpha \vee \beta$ と等価であり，$\alpha \Leftrightarrow \beta$ は $(\alpha \Rightarrow \beta) \wedge (\beta \Rightarrow \alpha)$ と等価であるからである。前者の等価性は，$\neg \alpha \vee \beta$ の真理値表を作り，それを $\Rightarrow$ の真理値表と比較すれば容易に理解できるであろう。後者も同様である。さらに，$\wedge$（あるいは $\vee$）を除くこともできる。それは，$\alpha \wedge \beta$ と $\neg(\neg \alpha \vee \neg \beta)$ が等価となるからである。しかし，それ以上は取り除くことはできない。

あるいは，前章の「公理論的証明論」の説明で述べたように，$\Rightarrow$, $\neg$ の二つを基本結合子として選ぶこともできる。

3.1.3 解　　　釈

ここで，前章での**解釈**の意味を復習しよう。そこでは，命題文が与えられたときに，それがある抽象世界においてなにを意味するかを与えるのが，解釈であり，解釈を定めると対応する抽象世界が各命題記号の真理値を決定する，と考えた。

ここでは，その立場を修正し，解釈に各命題記号の真理値の割当ても含めるものとする。以下に，命題論理における解釈の形式的定義を与える。

● **定義 3.3**　α を与えられた命題文とし，その中に現れる原子文を $\alpha_1, \alpha_2, \ldots, \alpha_n$ とする。そのとき，G の解釈は，各原子文 α_i への真理値（$true$ あるいは $false$）の割当てである。

上の定義によれば，命題文 α の解釈としては，与えられた命題文に出現する原子文の真理値の割当てだけを考えており，前節で説明したような各命題記号の現実世界での意味はそこには含まれていない。数学的な枠組としてはそれで十分だからである。また，命題文の真理値は，任意に与えられる。そのため，ある解釈の下で，α は必ずしも $true$ とはならない。このような事情は，解釈によって命題記号への真理値が与えられることから発生している。

以下の定義は，解釈とモデルの関係を与える。

● **定義 3.4**　α の解釈 I の下で命題文 α が真となるとき，I は α のモデルと呼ばれる。

前章で述べたように，モデルとは実世界のようなより複雑な世界の抽象表現を意味する。すなわち，論理によって表現したい世界があったとき，各命題記号の真理値だけを切り取った抽象世界を元の世界のモデルと呼ぶのがモデル本来の意味にふさわしい。そして，そのようなモデルの上で，与えられた命題文が実際に成り立っていることを確認する，というのが論理による世界の表現としてのあるべき姿である。

ところで，上の定義で与えたモデルは確かにある世界の抽象表現であり，しかも，そこで対象とする命題文が成り立っている。しかしながら，そこでは，まず命題文が与えられて，その命題文が成り立つような抽象世界としてモデルを決める，という手順を踏んでいるので，もともとの表現したい世界についての言及がされていない。本書では，これらの二つの立場の違いを認識しつつ，世界が問題となる場面ではそこからモデルを決める立場を取り，命題文（あるい

は述語文）の真理値のみを考えればよい場面では，上の定義を採用するものとする．いずれにせよ，解釈における各命題記号に対する真理値の決め方は任意であり，その真理値をどちらの立場から決めてもよい．

命題文が表現したい世界を考えるとき，例えば選言文 $p \vee q$ は，前章の OR 地図を表すこともできるし，電池の並列接続を表すこともできる．また，連言文 $p \wedge q$ は，AND 地図を表すこともできるし，電池の直列接続を表すこともできる．

★ 例 3.2 ★　二つの 1 ビットの数 p と q を加えて得られる 2 ビットの数を "cs" とする．ここで，c および s はそれぞれ 1 ビットの数である．例えば $p=1$, $q=0$ のとき，$cs=01$，すなわち $c=0$, $s=1$ となる．p, q は，それぞれ 0 および 1 の値をとる．この演算は，2 進数どうしの足し算を行う演算器を作るのに必要な半加算器と呼ばれる論理回路によって実現される．数 p, q と "cs" の関係は，表 3.3 で与えられる．

表 3.3　半加算器の仕様（二つの 1 ビット入力 p, q が与えられたとき，その足し算の結果が 2 ビットの数 "cs" である）

入力		出力	
p	q	c	s
1	1	1	0
1	0	0	1
0	1	0	1
0	0	0	0

ここで，p, q, c, s を命題論理の原子文とみなすと，以下の式が成り立つ．

$$s \Leftrightarrow \neg p \wedge q \vee p \wedge \neg q \tag{3.1}$$

$$c \Leftrightarrow p \wedge q \tag{3.2}$$

これらの同値式が成り立つことは，真理値表を作ることによって容易に確

かめることができる．ところで，論理回路の設計問題は，与えられた論理式の真理値を求めるのが目的ではなく，逆に真理値表が与えられたときに，そのような真理値をとる論理式を求めなければならない．この問題は，論理回路の設計問題として知られている．

★ 例3.3 ★　　文に対する真理値表の各行は，それぞれ異なる解釈を表している．表3.4 は，文 $\neg p \vee q$ の真理値表である．この表において，p および q の異なる真理値の割当てが各行に現れている．ここで，この文の真理値が真となる行がこの文のモデルである．

表 3.4　文 $\neg p \vee q$ の真理値表

p	q	$\neg p \vee q$
0	0	1
0	1	1
1	0	0
1	1	1

モデルは，$true$ を割り当てられた命題記号のみからなる集合によって表現できる．例えば，上に与えた文 $\neg p \vee q$ のモデルは，$\{p\}$，$\{q\}$，$\{p,q\}$ のように表される．本書では，これ以降，この記法を採用する．

命題論理とブール代数

命題論理は，じつは「ブール代数」と呼ばれる代数と等価である．ブール代数 $\mathbf{B}$ は，0 と 1 からなる世界での計算規則を与えており，加算 ($+$) および乗算 ($*$) の二つの2項演算子，また否定を表す単項演算子 ($^-$) が定義されている．それらの演算規則は，つぎのとおりである．

$$0+0=0, \quad 0+1=1, \quad 1+0=1, \quad 1+1=1$$
$$0*0=0, \quad 0*1=0, \quad 1*0=0, \quad 1*1=1$$
$$\overline{0}=1, \qquad \overline{1}=0$$

＋が選言に，＊が連言に，⁻が否定に対応するのは明らかであろう。ブール代数には，含意に相当する演算子は定義されていない。それは否定と選言で表せるので，対応関係にとっては問題にならない。同値関係も同様である。ブール代数では，複号文が簡単な式で表せるので，その真理値の計算が容易に行える。また，ブール代数は，コンピュータの回路の設計に重要な役割を果たしている。

3.2 命題文の分類

命題論理の文は，恒真（トートロジー），恒偽，充足可能の3種類に分類できる。**恒真**あるいはトートロジーとはすべての世界で真となる文であり，**恒偽**とはすべての世界で偽となる文である。恒偽は**矛盾**ともいい，記号 $\perp$ で表す。**充足可能**とは，その文が真となる世界が存在することである。ここで，3.1.2節で説明したように，世界とは命題文を構成する各命題記号に対する真偽の割当てである。命題記号への異なる真偽の割当てに対して異なる世界が対応するので，命題記号が n あれば，可能な世界は 2^n 個存在することになる。

論理定数 $true$ は恒真で，$false$ は恒偽である。また，p を任意の命題記号とすると，p は充足可能である。さらに，任意の恒真文の否定は恒偽文である。

以下に，トートロジー（恒真）の例を示す。

★ 例 3.4 ★　　以下の例では，α, β, γ はそれぞれ任意の論理式を表すものとする。

$\alpha \Rightarrow \beta \quad \Leftrightarrow \quad \neg \alpha \vee \beta$　　　　　　　　含意記号の定義

$\alpha \Leftrightarrow \beta \quad \Leftrightarrow \quad (\alpha \Rightarrow \beta) \wedge (\beta \Rightarrow \alpha)$　　同値記号の定義

$\alpha \Rightarrow \alpha$

$\alpha \vee \neg \alpha$　　　　　　　　　　　　　　　　排中律

$\alpha \quad \Leftrightarrow \quad \neg \neg \alpha$　　　　　　　　　　　　二重否定

$\alpha \Rightarrow \beta$	$\Leftrightarrow$	$\neg\beta \Rightarrow \neg\alpha$	対偶
$\alpha \wedge (\beta \wedge \gamma)$	$\Leftrightarrow$	$(\alpha \wedge \beta) \wedge \gamma$	連言の結合律
$\alpha \vee (\beta \vee \gamma)$	$\Leftrightarrow$	$(\alpha \vee \beta) \vee \gamma$	選言の結合律
$\alpha \wedge \beta$	$\Leftrightarrow$	$\beta \wedge \alpha$	連言の交換律
$\alpha \vee \beta$	$\Leftrightarrow$	$\beta \vee \alpha$	選言の交換律
$\alpha \wedge (\beta \vee \gamma)$	$\Leftrightarrow$	$(\alpha \wedge \beta) \vee (\alpha \wedge \gamma)$	$\wedge$ の $\vee$ への分配律
$\alpha \vee (\beta \wedge \gamma)$	$\Leftrightarrow$	$(\alpha \vee \beta) \wedge (\alpha \vee \gamma)$	$\vee$ の $\wedge$ への分配律
$\neg(\alpha \wedge \beta)$	$\Leftrightarrow$	$\neg\alpha \vee \neg\beta$	ド・モルガンの法則
$\neg(\alpha \vee \beta)$	$\Leftrightarrow$	$\neg\alpha \wedge \neg\beta$	ド・モルガンの法則

初めの二つの文は,すでに結合子の完全性の項で述べた.それ以外の文もトートロジーであることは,大部分が直感的に理解できるが,厳密には各文の真理値表を作ることによって確認することができる.確認が必要なものは,最後の四つである.**表 3.5** および **表 3.6** に,それぞれ $\wedge$ の $\vee$ への分配律,および第1のド・モルガンの法則について,それらの真理値表を作成して,それらがトー

表 3.5 $\wedge$ の $\vee$ への分配律の真理値表

α	β	γ	α	$\vee$	$(\beta \wedge \gamma)$	$\Leftrightarrow$	$(\alpha \vee \beta)$	$\wedge$	$(\alpha \vee \gamma)$
0	0	0	0	0	0	1	0	0	0
0	0	1	0	0	0	1	0	0	1
0	1	0	0	0	0	1	1	0	0
0	1	1	0	1	1	1	1	1	1
1	0	0	1	1	0	1	1	1	1
1	0	1	1	1	0	1	1	1	1
1	1	0	1	1	0	1	1	1	1
1	1	1	1	1	1	1	1	1	1

表 3.6 ド・モルガンの法則の真理値表

α	β	$\neg$	$(p \wedge q)$	$\Leftrightarrow$	$\neg p$	$\vee$	$\neg q$
0	0	1	0	1	1	1	1
0	1	1	0	1	1	1	0
1	0	1	0	1	0	1	1
1	1	0	1	1	0	0	0

トロジーになっていることを確認する。ここで，この表の作り方を示そう。左端の3列は，α, β, γ で作られるすべての世界を表している。その右の各欄は，入れ子の最も内側の式から，真理値を決めていく。上の例では，α, $(\beta \wedge \gamma)$, $(\alpha \vee \beta)$, $(\alpha \vee \gamma)$, の四つがそれに当たる。これらの各真理値は，各結合子の真理値表から得られる。その結果を対応する各結合子の下に書くことにする。つぎに，その一つ上位のレベルに進んで，同じ処理を行う。上の例では $\alpha \vee (\beta \wedge \gamma)$ および $(\alpha \vee \beta) \wedge (\alpha \vee \gamma)$ に対する真理値である。同様の処理を最上位のレベルまで続ける。

つぎに，ド・モルガンの法則について，その真理値表を作ってみよう。

これらのトートロジーは，以下の節で導入する標準形への変換に利用される。

3.3　命題文の標準形

本節の初めの部分で，命題論理の構文規則を与えた。そこで与えた定義は，じつは複雑な入れ子構造をもった文も許している。実際には，命題文をより制限された形のものに限ることによって，多くの利点がもたらされる。明らかに，単純な形の文は理解が容易である。また，制限された命題文に対しては，効率の良い推論手続きが存在する。ここでは，知識表現に適した二つの標準形，選言標準形および連言標準形を定義する。すべての命題文は，これら二つのいずれによっても表現が可能である。

その前に，準備として，連言文，選言文の定義を拡張する。

● **定義 3.5**　0 個以上の文を連言記号で結合したものは連言文である。ここで，0 個の文の連言を■で表す。

0 個の文の連言■は，命題定数 *true* と同値である。$p_1 \wedge p_2 \wedge \ldots$ は $true \wedge p_1 \wedge p_2 \wedge \ldots$ と同値であり，前者で $\ldots, p_2, p_1$ を削除すると空の連言■が残

るが，後者では $true$ が残るからである．また，一つの文は，それ自身連言文である．連言文を構成する各要素を**連言肢**と呼ぶ．

● **定義 3.6**　0 個以上の文を選言記号で結合したものは選言文である．ここで，0 個の文の選言を□で表す．

連言文の場合と同様，0 個の文の選言□は，命題定数 $false$ と同値である．$p_1 \vee p_2 \vee \ldots$ は $false \vee p_1 \vee p_2 \vee \ldots$ と同値であり，前者で $\ldots, p_2, p_1$ を削除すると空の選言□が残るが，後者では $false$ が残るからである．また，一つの文は，それ自身選言文である．選言文を構成する各要素を**選言肢**と呼ぶ．

以下の標準形の議論では，特にリテラルのみからなる連言あるいは選言が重要な役割を演じる．

3.3.1　選言標準形

● **定義 3.7**　すべての選言肢がリテラルの連言であるような選言文は**選言標準形** (disjunctive normal form) をしているという．

この定義は，わかりにくいかもしれない．選言標準形を理解するためには，人工知能の問題解決過程の表現に用いられる **AND/OR 木**を用いるとよい．AND/OR 木は，AND ノードと OR ノードが交互に現れる木で，AND ノードから出る枝は円弧で結ばれ，それらすべてが満たされなければならないことを示している．以下に，選言標準形を AND/OR 木によって表現した例を示そう．

★ **例 3.5** ★　　選言標準形の命題文は，OR ノードを頂点とする 2 段の AND/OR 木で表される．例えば，命題文 $(p \wedge q) \vee (r \wedge \neg s \wedge t) \vee (\neg p \wedge r) \vee \cdots \vee (q \wedge r)$ は，図 **3.1** のように表される．

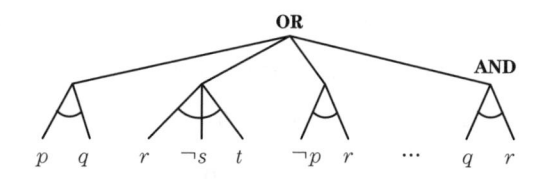

図 3.1 選言標準形 $(p\wedge q)\vee(r\wedge\neg s\wedge t)\vee(\neg p\wedge r)\vee\cdots\vee(q\wedge r)$ の AND/OR 木表現

いま，セダンを p，ばねが硬いことを q，ボックスカーを r，乗用車を s で表せば，「セダンか，あるいは，ばねの硬くないボックスカーは，乗用車である」という規則は

$$(p\vee(\neg q\wedge r))\Rightarrow s \tag{3.3}$$

と表される．この含意文の前提を眺めると，リテラルの連言の選言となっていることがわかるであろう．選言標準形の名前の由来は，それが（リテラルの連言の）選言になっているからである．各選言肢は概念の断片を表現している．「セダン」は，乗用車のあるタイプを表し，「ばねの硬くないボックスカー」は，別のタイプの乗用車を表す．

この例では，「セダンか，あるいは，ばねの硬くないボックスカーは，乗用車である」という規則全体を選言標準形で表しているわけではない．その事実を表す含意文の前提のみを選言標準形で表している．

3.3.2 連言標準形

● **定義 3.8** すべての連言肢がリテラルの選言であるような連言文は**連言標準形** (conjunctive normal form) をしているという．

連言標準形は，選言標準形の双対表現である．すなわち，文全体は連言であり，その構成要素が選言となっている．選言標準形と同様，AND/OR 木で表現すると 2 段の木で表現できる．

42 　3. 命　題　論　理

★ 例 3.6 ★　　連言標準形の命題文は，AND ノードを頂点とする 2 段の AND/OR 木で表される．例えば，命題文 $(p \lor q) \land (r \lor \neg s \lor t) \land (\neg p \lor r) \land \cdots \land (q \lor r)$ は，図 3.2 のように表される．

```
                    AND
                                    OR
    p  q   r ¬s  t   ¬p  r  ···  q  r
```

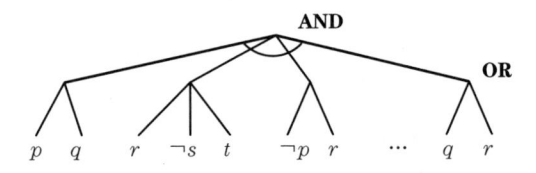

図 3.2　連言標準形 $(p \lor q) \land (r \lor \neg s \lor t) \land (\neg p \lor r) \land \cdots \land (q \lor r)$ の AND/OR 木表現

「セダンか，あるいは，ばねの硬くないボックスカーは，乗用車である」という規則は，文

$$(p \Rightarrow s) \land (\neg q \land r \Rightarrow s) \tag{3.4}$$

で表される．この文は，含意を否定と選言で表すことによって

$$(\neg p \lor s) \land (q \lor \neg r \lor s) \tag{3.5}$$

と変換されるが，この変換結果は連言標準形となる．これに対して，式 (3.4) は**含意標準形**と呼ばれることもある．

この表現では，乗用車に関する規則全体を連言標準形で表現している点に注意しよう．その点が選言標準形での規則の表現と異なる．

あとで，命題論理，および述語論理の推論手続きの一つとして，融合法を導入するが，連言標準形はそこでの表現法として重要な働きをする．また，そこではリテラルの 0 個以上の選言を**節** (clause) と呼び，節の 0 個以上の連言，すなわち，連言標準形を**節形式** (clausal form) と呼ぶ．また，節形式を節の集合として表したものを**節集合** (clause set) と呼ぶ．これらの用語は，つぎの述語論理の章で，拡張定義が与えられる．

3.3.3 標準形への変換

任意の命題文は，選言標準形，あるいは連言標準形に変換することができる。以下では，連言標準形，すなわち節形式に変換する手順を示す。選言標準形への変換手順もほぼ同じである。

● **定義 3.9**　与えられた命題文 P を連言標準形に変換する手続きは，以下のとおりである。

1. P 中の同値記号を，前節で与えたトートロジー

$$p \Leftrightarrow q \quad \Leftrightarrow \quad (p \Rightarrow q) \wedge (q \Rightarrow p)$$

を用いて除去する。

2. 得られた命題文の中の含意記号を，トートロジー

$$p \Rightarrow q \quad \Leftrightarrow \quad \neg p \vee q$$

を用いて除去する。

3. 得られた命題文に対して，二重否定，および，ド・モルガンの法則を用いて，否定記号を除去，あるいは式の内部に移動する。

4. 得られた命題文に対して，選言の交換律 $\alpha \vee \beta \quad \Leftrightarrow \quad \beta \vee \alpha$，および，$\vee$ の $\wedge$ への分配律 $\alpha \vee (\beta \wedge \gamma) \quad \Leftrightarrow \quad (\alpha \vee \beta) \wedge (\alpha \vee \gamma)$ を適用して，選言記号を連言記号より内側に移動する。

上の手続きで，各ステップは適用できなくなるまで繰り返し適用される。

★ **例 3.7** ★　いま，セダンを p，ばねが硬いことを q，ボックスカーを r，乗用車を s で表せば，「セダンか，あるいは，ばねの硬くないボックスカーは，乗用車である」という規則は

$$(p \vee (\neg q \wedge r)) \Rightarrow s \tag{3.6}$$

と表される。この命題文の連言標準形への変換を考える。

式 (3.6) とステップ 2（含意記号除去）から

$$\Leftrightarrow \neg(p \vee (\neg q \wedge r)) \vee s \tag{3.7}$$

式 (3.7) とステップ 3（ド・モルガンの法則）から

$$\Leftrightarrow (\neg p \wedge \neg(\neg q \wedge r)) \vee s \tag{3.8}$$

式 (3.8) とステップ 3（ド・モルガンの法則）から

$$\Leftrightarrow (\neg p \wedge (\neg\neg q \vee \neg r)) \vee s \tag{3.9}$$

式 (3.9) とステップ 3（二重否定）から

$$\Leftrightarrow (\neg p \wedge (q \vee \neg r)) \vee s \tag{3.10}$$

式 (3.9) とステップ 3（選言の交換則）から

$$\Leftrightarrow s \vee (\neg p \wedge (q \vee \neg r)) \tag{3.11}$$

式 (3.12) とステップ 4（∨ の ∧ への分配則）から

$$\Leftrightarrow (s \vee \neg p) \wedge (s \vee q \vee \neg r) \tag{3.12}$$

最後に得られた式 (3.12) は，連言標準形，すなわち節形式となっている．命題文の節形式への変換は，次節で導入する融合法による証明手続きを利用するために必要である．

3.4　命題論理における推論

伴意関係，すなわち正しい推論のための条件は，トートロジー (tautology) を用いて簡潔に表現できる．それは，つぎのような定理で与えられる．

◎ **定理 3.1**　　$G = \{\gamma_1, \gamma_2, \ldots\}$ を文の集合，α を文とする．そのとき，$G \models \alpha$ が成り立つのは，$(\gamma_1 \wedge \gamma_2 \wedge \ldots) \Rightarrow \alpha$ がトートロジーのとき，かつ，そのときのみである．

3.4 命題論理における推論   45

証明 この定理が成り立つことは，含意の真理値表を調べれば容易にわかる．すなわち，含意がトートロジーならば，$(\gamma_1 \wedge \gamma_2 \wedge \ldots)$ が真のときに α が偽とならないことを意味しており，そのことから，G のすべてのモデルで α が成り立つことがいえるので，上の定理において「$(\gamma_1 \wedge \gamma_2 \wedge \ldots) \Rightarrow \alpha$ がトートロジーのとき，$G \models \alpha$ が成り立つ」の部分が証明できる．逆に，伴意が成り立てば，G，すなわち，$(\gamma_1 \wedge \gamma_2 \wedge \ldots)$ が真であるすべての世界で α も真とならなければならないので，文 $(\gamma_1 \wedge \gamma_2 \wedge \ldots) \Rightarrow \alpha$ がトートロジーとなる．

ここで注意したいのは，伴意関係は命題文ではない，という点である．それはあくまで命題文の集合とそこから導き出される別の命題文との関係を表している．ところが，この定理を用いることによって，伴意テストを対応する含意文のトートロジーテスト問題に還元できるのである．言い換えれば，含意文は命題文であるので，伴意テストは命題文の証明問題に還元できたことになる．ところで，含意文 $p \Rightarrow q$ はトートロジーではない．そのため，含意文がトートロジーになることはないのではないかと疑問に思うかもしれないが，それは p と q がともに原子文だからである．すなわち，もし含意文 $\alpha \Rightarrow \beta$ において，α と β が原子文でなければ，トートロジーになる可能性がある．

★ **例 3.8** ★　含意文 $p \wedge (p \Rightarrow q) \Rightarrow q$ の真理値表は，**表 3.7** に示すとおりである．

表 3.7 含意文 $p \wedge (p \Rightarrow q) \Rightarrow q$ の真理値表

p	q	p	$\wedge$	$(p \Rightarrow q)$	$\Rightarrow$	q
0	0	0	0	1	1	0
0	1	0	0	1	1	1
1	0	1	0	0	1	0
1	1	1	1	1	1	1

この真理値表から，含意文 $p \wedge (p \Rightarrow q) \Rightarrow q$ の真理値がすべて 1 となっていることがわかる．

トートロジーテストは，命題文に対する真理値表を作ることによって確かめ

ることができる。しかしながら，真理値表の大きさは，命題文に現れる命題記号の数に対して指数関数的に増大するので，この方法は現実的ではない。

これに対して，前章でも紹介したように，証明論ではより効率の良い証明手続きが提案されている。それらは，一般に定理の証明手法として知られている。以下に，代表的な定理証明手法として，モーダスポーネンス，融合法，および公理的証明法を取り上げる[†1]。

3.4.1 モーダスポーネンス

演繹推論の推論規則の代表として，**モーダスポーネンス** (modus ponens) があることは，すでに述べた。それは，「文 α および文 $\alpha \Rightarrow \beta$ から文 β を導く」規則である。推論図式で書くと

$$\frac{\alpha, \alpha \Rightarrow \beta}{\beta}$$

となる。以下，推論規則としてモーダスポーネンスのみを用いる証明法について考えよう[†2]。

★ **例3.9** ★　　いま，r を「雨が降る」，w が「芝生がぬれる」を表すとする。すると，「雨が降れば，芝生がぬれる」は，$r \Rightarrow w$ と表される。ここで，「雨が降っている」が真とする。すなわち，r が成り立っていることになる。このとき，これらの文の集合を $G_1 = \{r \Rightarrow w, r\}$ として，モーダスポーネンスによって G_1 から文 w が証明されるのは明らかである。

★ **例3.10** ★　　上の例で，さらに s を「スプリンクラーが作動している」とすると，「スプリンクラーが作動していれば，芝生がぬれる」は，$s \Rightarrow w$ と表される。ここで「雨が降っている」の代わりに，「雨が降っているか，スプリンクラーが作動している」が真とする。すなわち，r ではなく，$r \vee s$ が成り立ってい

[†1] もう一つの代表的な定理証明体系である自然演繹法については，5章で詳しく説明する。
[†2] あとの公理論的証明の節で，モーダスポーネンスといくつかの公理を用いた推論方式である公理論的証明論の説明をする。ここでは，公理を用いることはしない。

ることになる。このとき，これらの文の集合を $G_2 = \{r \Rightarrow w, s \Rightarrow w, r \lor s\}$ として，モーダスポーネンスのみで G_2 から文 w の証明を試みる。モーダスポーネンスは，G_2 の中に α および $\alpha \Rightarrow \beta$ の形を持つ二つの文があるとき，初めてこの推論規則を使うことができるが，G_2 にはそのような文の対は存在しない。そのため，G_2 から文 w を証明することができない。

この例からもわかるように，推論規則モーダスポーネンスは，それ自身では完全でないことがわかる。

3.4.2 融 合 法

定理の証明手法で最もよく知られているのが融合法である。

融合法 (resolution) は，ロビンソンによって開発された述語論理の健全かつ反駁完全な証明手続きである。ここでは，命題論理に対する単純化された融合法の紹介をしよう。融合法は，**融合**と呼ばれるただ一つの推論規則からなる証明手続きである。融合規則が対象とするのは，連言標準形で表された文に限る。われわれは，準備として，節ならびに節集合という用語を必要とする。初めに，それらの概念を導入しよう。

連言標準形の連言肢であるリテラルの選言を**節**と呼ぶ。また，節の集合を**節集合**と呼ぶ。節集合は，実際には要素節の連言を表すので，連言標準形の集合表現と考えられる。節集合は，知識を規則と事実の集合として表現する方法を与える。

融合規則は，二つの節から一つの節を得る推論規則である。節の対 C, D が融合可能であるための条件は，それらが同じ命題記号で符合が異なるリテラルを含んでいることである。いま，リテラルの選言である節をそれらのリテラルの集合として表現することにする[†]。そのとき，融合可能な節の対 C, D は，あるリテラル l が存在して，$C = C_1 \cup \{l\}$, $D = D_1 \cup \{\neg l\}$ となる。融合規則は，この二つの節からリテラル l を消去するつぎのような規則である：**節** $C_1 \cup \{l\}$

[†] これに対して，節集合は節の連言を表すことに注意しよう。

と節 $D_1 \cup \{\neg l\}$ から節 $C_1 \cup D_1$ を導く．このとき，もし C_1 と D_1 が同じリテラルを含めば，その重複は取り除かれることに注意しよう．融合規則は推論図式によって近似的に

$$\frac{\alpha \vee l, \ \beta \vee \neg l}{\alpha \vee \beta}$$

のように書けるが，重複の除去は表現し切れない．

融合によって得られた節 $C_1 \cup D_1$ は，**融合節** (resolvent) と呼ばれる．融合の 1 ステップは図 **3.3** のように表される．連続した融合操作は，この V 字形の組合せによって表現される．

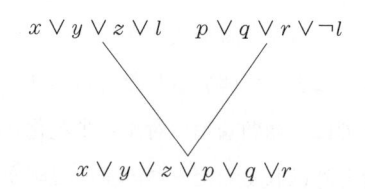

$$x \vee y \vee z \vee l \qquad p \vee q \vee r \vee \neg l$$

$$x \vee y \vee z \vee p \vee q \vee r$$

図 **3.3** 融合の 1 ステップ

この規則は，連立方程式での消去法に似ている．この規則が正しい（健全である）ことは容易にわかる．それは，リテラル l が真のときと偽のときにわけて考えればよい．もしそれが真であれば，$\neg l$ が偽となるので，D_1 は真となる（節 C, D がともに真であることを仮定している）．一方，逆に l が偽であれば，C_1 は真となる．このことから，いずれの場合でも，$C_1 \cup D_1$ は真となることがわかる．

つぎに，融合証明手続きを定義する．

● **定義 3.10**　　与えられた節集合 G_0 から，節 α の**融合証明手続き**は，つぎのとおりである．

1. $G = G_0$ とする．
2. G の中から融合可能な節の対を適当に選び，それらの節に対して融合を行い，融合節 R を得る．もし，R が α なら，停止する．

3. $G \cup \{R\}$ を新たな G として，ステップ 1 に戻る．

このとき，$G_0 \vdash_r \alpha$ と表す．

このプロセスを理解するために，具体的な例を示そう．

★ **例 3.11** ★　　いま，r を「雨が降る」，s を「スプリンクラーが作動している」，w が「芝生がぬれる」を表すとする．すると，「雨が降れば，芝生がぬれる」は，$r \Rightarrow w$ と表される．この文は，選言文 $\neg r \lor w$ と同値である．同様に，「スプリンクラーが作動していれば，芝生がぬれる」は，$\neg s \lor w$ と表される．ここで，「雨が降っているか，スプリンクラーが作動している」が真とする．すなわち，$r \lor s$ が成り立っていることになる．このとき，これらの文の集合を $G = \{\neg r \lor w, \neg s \lor w, r \lor s\}$ として，G から文 w が証明されることを融合法で確かめてみよう（図 3.4）．この図からわかるように，融合法により，$C_1 = \{\neg r, w\}$ と $C_2 = \{r, s\}$ から $R_1 = \{w, s\}$ を得る．すなわち，「雨が降れば，芝生がぬれる」と，「雨が降っているか，スプリンクラーが作動している」から，「芝生がぬれているか，スプリンクラーが作動している」が得られる．つぎに，$R_1 = \{w, s\}$ と $C_3 = \{\neg s, w\}$ とから，$\alpha = w$ が得られる．

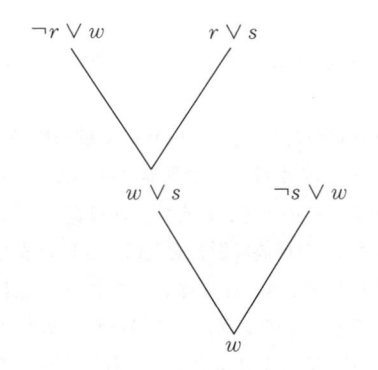

図 3.4　$G = \{\neg r \lor w, \neg s \lor w, r \lor s\}$ から $\alpha = w$ を導く融合証明

★ 例 3.12 ★　　$G = \{p \vee q, p \vee \neg q, \neg p \vee q, \neg p \vee \neg q\}$ は矛盾する。このことを証明しよう。そのためには、G から $false$、すなわち、長さが 0 の選言が証明できればよい。図 3.5 にその証明図を示す。

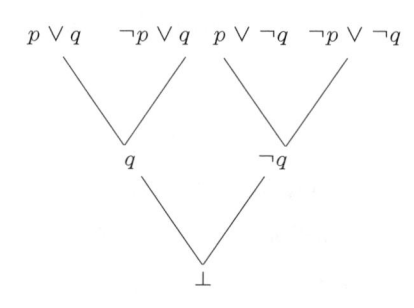

図 3.5　$G = \{p \vee q, p \vee \neg q, \neg p \vee q, \neg p \vee \neg q\}$
　　　　から矛盾を導く融合証明

以下に、命題論理における融合法の反駁完全性を示そう。

◎ **定理 3.2**　　命題論理のある節集合 G が恒偽である、すなわち矛盾するならば、融合規則のみを用いて G から $false$ を証明できる。

〔証明〕　　以下の証明は、G に含まれる原子文の数 N に関する数学的帰納法を用いる[5]。

1. 初期ステップ

　　$N = 0$ のとき、節集合 G は $false$ しか含まないので、定理は成り立つ。

2. 帰納ステップ

　　$N = k - 1$ のとき、定理が成り立つとして、G が $N = k$ 個の原子文を含むとする。その一つを a とする。G が成り立つ世界はないので、a を真と仮定しても、G は恒偽である。そのとき、a を含む節は真となるので、G からそのような節を除いても G の真偽に影響を及ぼさない。また、$\neg a$ は偽となるので、残った節からリテラル $\neg a$ を除いてもよい。なぜなら、節はリテラルの選言だからである。そのようにして得られた節集合を G' とすると、G' も恒偽である。G' に含まれる原子文の数は $k - 1$ 個なので、帰納法の仮定により、$G' \vdash_r \bot$ である。ここで、G' から $\bot$ の融合証明図に $\neg a$ を戻してやると、結果として $\bot$ あるいは $\neg a$ が証明される。

　　同様に、a を真と仮定しても G は恒偽である。したがって、G からそ

のような節を除き，残った節からリテラル a を除いて得られた節集合を G'' とすると，G'' も恒偽であり帰納法の仮定により $G'' \vdash_r \bot$ である。ここで，G'' から $\bot$ の融合証明図に a を戻してやると，前と同様に結果として $\bot$ あるいは a が証明される。

ところで，上の二つの証明図を比べると，もし初めの証明図で $\neg a$ が証明されたなら，下の証明図もそれに対応するので，そこからは a が証明される。すなわち，G からは，上の二つの証明図でともに $\bot$ が証明されるか，あるいは，それらから $\neg a$ と a が証明されるかのいずれかである。後者の場合，その二つの節を融合させることにより，やはり矛盾 $\bot$ が導かれる。

融合原理に基づく推論方式の特徴は，証明しようとしている論理式の集合のほかには，たった一つの推論規則だけを必要としている点である。そのため，推論アルゴリズムの実装が容易になり，自動証明の研究が加速された。一方，その推論能力は，反駁完全性が示すように，導きたい論理式の否定を元の論理式の集合に付け加えて，それらから矛盾を導き出す，という方法しか取れない。

歴史的に見ると，命題論理および述語論理の推論システムには，ヒルベルト (Hilbert) 流の推論システムとして知られている公理論的証明法や，ゲンツェン (Gentzen) による自然演繹法などが知られている。後者については，5章で詳しく説明する。以下に，ヒルベルト流の公理論的証明法について概観する。

3.4.3 公理論的証明法

命題論理，および述語論理の証明法には，数学的により厳密な**公理論的証明法**が知られている。そこでは，まず結合子として含意と否定のみを必要不可欠なものと考え，残りの結合子は，その二つから導いている。そして，命題論理の場合を例に取ると，つぎの三つの文を公理として採用する。

1. $\alpha \Rightarrow (\beta \Rightarrow \alpha)$
2. $(\alpha \Rightarrow (\beta \Rightarrow \gamma)) \Rightarrow ((\alpha \Rightarrow \beta) \Rightarrow (\alpha \Rightarrow \gamma))$
3. $(\neg \beta \Rightarrow \neg \alpha) \Rightarrow ((\neg \beta \Rightarrow \alpha) \Rightarrow \beta)$

公理論的証明法で使われる唯一の推論規則は，3.4.1項で与えたモーダスポーネンスである．

公理論的証明法では，これらの公理と推論規則のみを用いて，命題文の集合から伴意されるすべての文を導き出すことができることを示している．さらに，公理を拡張することによって，述語論理に対しても，同様の方法論を展開している．

このアプローチは数学的に厳密であり，ユークリッド幾何学のような公理論的アプローチになっている．本アプローチについて，もっと詳しく知りたい読者は，文献6)～8) などを参照されたい．

★ 例 3.13 ★　　p, q を原子文とするとき

1. $(p \Rightarrow q) \Rightarrow (q \Rightarrow (p \Rightarrow q))$ はタイプ1の公理である．
2. $(p \Rightarrow (q \Rightarrow (\neg q \Rightarrow \neg p))) \Rightarrow ((p \Rightarrow q) \Rightarrow (p \Rightarrow (\neg q \Rightarrow \neg p))))$ はタイプ2の公理である．
3. $(\neg q \Rightarrow \neg p) \Rightarrow ((\neg q \Rightarrow p) \Rightarrow q)$ はタイプ3の公理である．

3.4.4 演繹定理

以下に述べる演繹定理は，前節で述べた公理論的証明法で重要な役割を果たしており，その証明も証明論の中でなされるのが一般的であるが，本書ではその一般性を考慮に入れて，モデル論的な証明を与える．健全かつ完全な証明手続き⊢に対して，与えられた命題論理の文の集合からある命題文が演繹的に導かれるとき，以下の**演繹定理**により，演繹推論の前提となる文の集合の要素とそこから導かれる命題文を入れ替えることができる．

◎ **定理 3.3**　　健全かつ完全な証明手続き⊢に対して，G を命題論理の文の集合，α, β を命題論理の文とするとき，$G, \alpha \vdash \beta \Leftrightarrow G \vdash \alpha \Rightarrow \beta$ が成り立つ．

[証明]　　証明手続きが健全かつ完全なら，⊢ と ⊨ は置き換えてもよいので，以下に，$G, \alpha \models \beta \Leftrightarrow G \models \alpha \Rightarrow \beta$ の証明を行う．

1. ⇐ $G \models \alpha \Rightarrow \beta$ から，G が真となるすべてのモデルで $\alpha \Rightarrow \beta$ が真となるので，その中で α が真となるモデルでは必ず β も真となる。そのため，G および α が真となるモデルで，β は真となる。ゆえに $G, \alpha \models \beta$ が成り立つ。
2. ⇒ $G, \alpha \models \beta$ から，G および α が真となるすべてのモデルで β が真となるので，G が真となるモデルのうち，α も真であれば，必ず β も真となる。ゆえに，G が真となるすべてのモデルで，α が偽であるか，あるいは，α かつ β がともに真である。このため，G が真となるすべてのモデルで，$\alpha \Rightarrow \beta$ が真となる。

この定理から，つぎの系が成り立つ。

- 系 3.1　　G を命題論理の文の集合，α, β を命題論理の文とするとき，$G, \alpha \models \beta \Leftrightarrow G, \neg\beta \models \neg\alpha$ が成り立つ。

この定理および系は，述語論理でも成り立つ。そして，この系が9章で与える帰納論理プログラミングの代表的な手法である逆伴意の基礎になっている。逆伴意は本書の範囲を逸脱しているので，詳細を知りたい読者は，文献9)を参照のこと。

演 習 問 題

【1】「バッテリーが正常」,「燃料あり」,「エンジンが掛かる」,「ライトが点灯する」を表す命題記号を，それぞれ b, f, e および l とする。このとき，以下の文を命題文で表現しなさい。
　(1) バッテリーが正常でなければ，エンジンは掛からない。
　(2) 燃料がなければ，エンジンは掛からない。
　(3) エンジンが掛かれば，バッテリーは正常である。
　(4) エンジンが掛かれば，燃料はある。
　(5) バッテリーが正常であれば，ライトが点灯する。
　(6) バッテリーが正常で燃料があれば，エンジンは掛かる。

【2】含意結合子の真理値は，日常的な含意「〜ならば」の意味とやや異なる。その意味を正しく理解するために，本書ではことわざ「雨降って地固まる」を用い

たが，ほかに適当なことわざを探して，含意の真理値の妥当性を示しなさい。

【3】「ある数 a が 6 で割れる」を p で，「ある数 a が偶数である」を q で表したとき，a が $2, 5, 12$ のそれぞれの場合について，命題文 $p \Rightarrow q$ の真理値を求めなさい。a が自然数のとき，この含意命題文が偽になることはあるか。含意命題文 $p \Rightarrow q$ は，トートロジーといえるか。

【4】以下の文の真理値表を作りなさい。また，その中で，トートロジーはどれか。
(1) $e \land (e \Rightarrow f) \Rightarrow f$
(2) $(e \Rightarrow b) \land (b \Rightarrow l) \Rightarrow (e \Rightarrow l)$
(3) $(e \Rightarrow b) \land (e \Rightarrow f) \Rightarrow (b \land f \Rightarrow e)$

【5】$\alpha \lor (\beta \land \gamma) \Leftrightarrow (\alpha \lor \beta) \land (\alpha \lor \gamma)$ は，$\lor$ の $\land$ への分配律を表したものである。この分配律がトートロジーであることを証明しなさい（$\land$ と $\lor$ は，それぞれ乗算 $\times$ と加算 $+$ に対応するが，一般の数式では，この分配律は成り立たないことに注意しよう）。

【6】【4】(3) の文が真とならない場合は，どのような場合か。そのときの命題記号 e, b, e, f の真理値を求めなさい。その場合の自動車エンジンの解釈をしなさい。

【7】階段スイッチは，踊り場の電気を階段の下と上でオン・オフできるスイッチである。
(1) 二つのスイッチを p, q とし，電灯を r として，階段スイッチの回路を命題論理式で表しなさい。
(2) 上で求めた命題文が階段スイッチの機能を果たしていることを証明するにはどうすればよいのかを考えなさい。
(3) 実際にこの証明をしなさい。

【8】文 $(b_1 \lor b_2) \Leftrightarrow r$ は，例の二つの橋を持つ 2 経路世界という解釈がなされたが，この文に対する別の解釈を考えなさい。文 $(b_1 \land b_2) \Leftrightarrow r$ についても，同様の考察を行いなさい。

【9】つぎの同値式が成り立つことを証明しなさい。

$$(\alpha \lor \beta) \Rightarrow \gamma \Leftrightarrow (\alpha \Rightarrow \gamma) \land (\beta \Rightarrow \gamma)$$

【10】以下の命題文を節形式に変換しなさい。
(1) $(b_1 \lor b_2) \Leftrightarrow r$
(2) $(b_1 \land b_2) \Leftrightarrow r$
(3) $(p \land q \lor \lnot p \land \lnot q) \Leftrightarrow r$
(4) $(p \Rightarrow q) \Rightarrow (r \Rightarrow s)$

【11】 融合証明法は反駁完全であるが，必ずしも伴意関係が成り立つ文すべてを導けるわけではない。例えば，節集合 $G = \{p, p \Rightarrow q\}$ および任意の命題記号 r に対して，$G \models q \vee r$ は成り立つが，融合証明法によって G から $q \vee r$ を導き出すことはできない。このことを確認しなさい。

【12】【11】を反駁法によって証明するために，$q \vee r$ の否定を G に付け加えて節集合を作りなさい。また，その反駁証明を行いなさい。

4 述語論理

本章では，述語論理の形式的な定義を与える．述語論理は構造が一見複雑なのでとっつきにくいが，命題論理の体系を受け継いでいるので，つねにその関連を付けていれば，理解は容易である．

4.1 述語論理の構文と意味

述語論理 を用いることによって，世界の論理構造を形式的に表現できる．形式化のためには，その構文を決める必要がある．構文が与えられると，述語論理文を書くことができるが，つぎに必要になるのはその文がなにを意味するかを決めることである．本節では，初めに述語論理の構文を与え，つぎにその意味を定める．

4.1.1 項 の 定 義

述語論理は，対象の属性や対象間の関係を表現するための言語であることは2章で述べたが，そこでの対象を表現するのが，**項** (term) である．項は，後で述べるように，述語の引数となる．項は，問題領域に依存して決められる．まず，その定義を与えよう．

● 定義 4.1

- 定数は，項である．
- 変数は，項である．

- f を n 引数の関数記号とし, $t_1, t_2, \ldots, t_n$ を項とすれば, $f(t_1, t_2, \ldots, t_n)$ も項である。

定数と変数は,それぞれあらかじめ与えられた集合に含まれる要素でなければならない。しかしながら,通常はその集合は明示しないで,表記の違いによってそれらを区別する。すなわち,定数は小文字のアルファベットで始まる文字列,あるいは数字であり,変数は大文字のアルファベットで始まる文字列とする[†]。

上の定義は,命題論理の文の定義と同様,再帰的な定義になっている。再帰的な定義によって,例えば,$f(g(X,Y),1)$ のような入れ子構造も項となる。

ここで注意を要するのは,関数記号の働きである。ここでの関数記号は,代数における関数記号と異なり,その関数による計算を意味しない。単に記号パターンのみが意味を持っている。これは,構造を持った複雑な対象を表現するための手段を提供しているにすぎない。

関数記号を用いる利点は,対象を指示するために必要以上に名前を付けなくてすむ点である。例えば,自動車のエンジンやトランスミッションなどの各部品を別々の対象としたい場合,個々の自動車にのみ $car1$, $car2$ のように名前を付け,各部品は,$engine(car1)$, $transmission(car2)$ のように関数を利用して表現することができる。

定数は,0 引数関数と考えてよい。任意の項全体は変数化できるが,関数記号だけを変数化することはできない。

項のうち,変数をまったく含まないものを**基礎項** (ground term) と呼ぶ。基礎項は,問題領域中に現れる対象物を表現している。一方,変数を含んだ項は,パターンを表現していると考えられる。

[†] この表記上の規則は,後で述べる Prolog 言語の構文規則に合わせた結果である。一般的な教科書では,この逆の慣例に従っていることが多い。

項による対象の表現

項による対象の表現は，1次元的な文字列で構造を表すための方便である。平面図や，あるいは3次元空間中の対象を直接表現できれば，それに勝る方法はないのであるが，現在のコンピュータ，特に入出力機器の能力からすれば，それ以上うまい方法は見当たらないのが現状である。そのため，入れ子構造によって，複雑な対象物を表現しようとしている。

4.1.2 原子文と文の定義

つぎに，**原子文** (atom) を定義しよう。

● **定義 4.2**　　[原子文]　p を n 引数の述語記号とし，$t_1, t_2, \ldots, t_n$ を項とすれば，

$p(t_1, t_2, \ldots, t_n)$ は**原子文**である。

述語論理の原子文は，通常は1個以上の引数をもつが，引数を一つも持たなくても構わない。引数を持たない原子文は，命題論理における原子文とまったく同じである。

原子文のうち，すべての引数が基礎項であるものを**基礎原子文** (ground atom) と呼ぶ。基礎原子文は，命題論理での原子文に相当している。命題論理の原子文に対して真偽を割り当てたように，述語論理では各基礎原子文に対して真偽を割り当てる。

述語論理の文（**述語文**）を命題論理のように再帰的に定義するのは困難である。それは，限量子の入れ子構造が，他の部分と独立に導入できるからである。ここでは，まず初めに，限量子の扱いについて述べよう。

限量化には，**全称限量** (universal quantifier) と**存在限量** (existential quantifier) があることはすでに2章で述べた。それらは，記号 $\forall$ および $\exists$ によって表される。いま，α を任意の述語とし，$\alpha\{X\}$ を変数 X を含む文とすると，全

称限量文および存在限量文は，それぞれつぎのように表される．

$$\forall X \alpha\{X\}$$
$$\exists X \alpha\{X\}$$

★ 例 4.1 ★　　生物分類の規則は，全称限量文で表すことができる．例えば，「ほ乳類は動物である」という規則は，述語 $animal$ と $mammal$ を用いて，以下のように表される．

$$\forall X\, mammal(X) \Rightarrow animal(X)$$

★ 例 4.2 ★　　生物分類で例外的な生物の存在は，存在限量文で表現できる．例えば，「ほ乳類の中にはくちばしを持ったものがいる」という事実は，述語 $mammal$ と has_beak を用いて

$$\exists X\, mammal(X) \land has\_beak(X)$$

のように表される．

これら二つの例は，全称限量文および存在限量文の典型的なパターンを示している．すなわち，全称限量文は，含意記号を伴うことが多いし，存在限量文は連言を伴うことが多い．つぎに，二つの限量子が入れ子状に現れる例を与えよう．

★ 例 4.3 ★　　再び生物分類の例であるが，「すべての動物は心臓を持つ」という事実の表現を考えてみよう．それは

$$\forall X\, animal(X) \Rightarrow \exists Y\, heart(Y) \land has(X, Y)$$

のように表される．もし「心臓を持つ」を述語 has_heart で表すと，この文は

$$\forall X\, animal(X) \Rightarrow has\_heart(X)$$

のように表される。

この例は，限量化されている変数は，その外では効力を失ってしまうことを示している。すなわち，最初の表現での $\exists Y\, heart(Y) \wedge has(X, Y)$ は，つぎの文では $has\_heart(X)$ に置き換えられているが，変数 Y はそこには現れていない。変数 Y が有効なのは，$\exists Y\, heart(Y) \wedge has(X, Y)$ の中のみである。このような範囲を変数の**スコープ**と呼ぶ。

スコープ内にある変数は**束縛変数** (bound variable) と呼ばれる。一方，述語文中に現れる束縛変数以外の変数を**自由変数** (free variable) と呼ぶ。上の生物分類の例で，もし頭の $\forall X$ を取り去って

$$animal(X) \Rightarrow \exists Y\, heart(Y) \wedge has(X, Y)$$

とすると，変数 X は，自由変数となってしまう。

また，ある文が自由変数 X を含むとき，その文頭に $\forall X$ あるいは $\exists X$ を加えることにより，変数 X は束縛変数となる。このとき，変数 X は $\forall X$ あるいは $\exists X$ により**束縛される** (bound) という。

すべての変数が束縛されている述語文を**閉じた文**あるいは**閉論理式**と呼ぶ。これに対して，限量化されていない変数を含んだ文は，**開いた文**あるいは**開論理式**と呼ぶ。一方，限量子を除いた述語文の構文は，ほぼ命題論理の文と同様に再帰的に定義できる。

● **定義 4.3**
1. 論理定数 $true$ と $false$ は，文である。
2. 原子文は，文である。
3. 以下に示すように，より簡単な文から，結合子によってさらに複雑な文が作られる。
   - 二つの文を連言記号 $\wedge$ でつなげて括弧でくくったものは，文である。

- 二つの文を選言記号 ∨ でつなげて括弧でくくったものは，文である．
- 文の頭に否定記号 ¬ を付けて括弧でくくったものは，文である．
- 二つの文を含意記号 ⇒ でつなげて括弧でくくったものは，文である．
- 二つの文を同値記号 ⇔ でつなげて括弧でくくったものは，文である．

4. 1 から 3 で作られるもののみが文である．

この定義の中に現れる原子文は，定義 4.2 ですでに定義した．ところで，再度注意をするが，この定義は，正確には述語文を定義してはいない．上の定義によって得られる変数を含んだ文は，すべて開いた文である．本書では，すべての述語文が閉じた文である場合のみを扱うことにする．そのため，このようにして得られた開いた文に対して，すべての変数を適当に限量化することによって，述語文を得る．以下，本書ではすべての述語文が閉じた文である場合のみを扱うことにする†．

4.1.3 述語文の意味と解釈

つぎに，述語文の意味を与えよう．文の意味とは，命題論理と同様，その文の真理値のことである．限量子を含まない文の真理値は命題論理と同じように決めればよい．文の各要素が表現対象の世界でなにを表しているかは，その構造を反映して命題論理の場合より複雑で，定数，関数，述語記号のそれぞれに対して対応関係を定めなければならない．そのような対応関係は，命題論理の場合と同様，**解釈** (interpretation) と呼ばれ，その頭文字を取って，通常 I, I_1, I_2 などの記号で表される．述語文の解釈を決めるためには，初めにその文に現

---

† 自由変数を含む述語文は，変数に対して世界の適当な対象を割り当てて，その述語文が成り立つような解釈を求めるような場合に必要になるが，本書ではそのような場合は考慮しないことにする．

れる定数および関数に対する世界の中での対象物との対応関係を決め，つぎに各基礎原子文に対する真理値を決める．以下に，解釈の形式的な定義を与えるが，準備として**領域** (domain) を定義しよう．

● **定義 4.4** （領域） 述語文 α が表現する世界での対象の集合を**領域**と呼ぶ．

● **定義 4.5** （解釈） 述語文 α の領域を D とする．そのとき，α の**解釈**は，以下の 2 ステップによって与えられる．
1. α 中の定数記号，関数記号への割当て：
    (a) 定数記号 c に D の元 c^I を割り当てる．
    (b) n 引数の関数記号 f に D 上の関数 $f^I : D^n \to D$ を割り当てる．
2. 基礎原子文への真理値の割当て：
    上記の割当てにより，α 中のすべての述語に対して，それらの基礎原子文がすべて決まる．つぎに，それらの各基礎原子文に対して，真理値 $\{true, false\}$ を割り当てる．

ここで，第 2 ステップでの真理値の割当ては，命題論理での解釈とまったく同じである．そして，命題論理の場合と同様，$true$ を割り当てられた基礎原子文のみからなる集合によって解釈を表現する．

命題論理の場合と同様，モデルは以下の条件を満足する解釈として定義される．

● **定義 4.6** α の解釈 I の下で述語文 α が真となるとき，I は α の**モデル**と呼ばれる．

4.1 述語論理の構文と意味

★ **例 4.4** ★　例として，（0 を含む）自然数の世界での述語文

$$G =$$
$$nat(0) \land \forall X(nat(X) \Rightarrow nat(s(X))) \land \forall X(nat(X) \Rightarrow p(X, s(X)))$$

を考えよう．G に対する解釈は，上の定義に照らして，まず領域 D を求める．この問題では，D は（0 を含む）自然数である．解釈 I_1 では，定数記号，関数記号，述語記号への割り当てを以下のように決める．

1. 定数記号 0 に D の元 0（自然数の 0）を割り当てる．
2. 1 引数の関数記号 s に D 上の関数 $s^I(i) = i+1$ を割り当てる．ここで $i \in D$ である．このとき，s の定義域は G 中の項であり，$\{0, s(0), s(s(0)), \ldots\}$ で与えられる．そして，この割当てにより，X が自然数 i を表すと，$s(X)$ は $i+1$ を表すことになる．
3. 述語記号 nat の解釈（真理値が $true$ となる基礎原子文の集合）を $\{nat(0), nat(s(0)), nat(s(s(0))), \ldots\}$ とする．また，述語記号 p の解釈を $\{p(0, s(0)), p(s(0), s(s(0))), p(s(s(0)), s(s(s(0)))), \ldots\}$ とする．

関数 s は，**後続関数** (successor function) と呼ばれている．この解釈によれば，自然数の列 $\{0, 1, 2, \ldots\}$ は，$\{0, s(0), s(s(0)), \ldots\}$ のように表現される．ここで，$p(X, Y)$ の意味を大小関係 $X < Y$ とする．このとき，上の解釈はこの関係を満足しており，この世界のモデルになっている．

★ **例 4.5** ★　前の例で，$p(X, Y)$ を「X が素数で，Y が $X+1$ かつ 2 のべき乗」とした新しい解釈を I_2 とする．このとき，原子文 $p(X, s(X))$ は，関係「X が素数で，$s(X)$ が $X+1$ かつ 2 のべき乗」を表す．ところで，この原子文は，ある X では成り立つが，すべての X で成り立つわけではない．そのため，述語文 G は成り立たない．すなわち，この解釈 I_2 は G のモデルではない．

(1) 基礎原子文の真理値　上で定義した解釈の与え方によれば，第 2 ス

テップでの各基礎原子文への真理値の与え方は，任意である．すなわち，どのような与え方をしても，それらはすべて（異なる）解釈である．また，述語文 α のモデルは，それが真となるような解釈である．

一方，述語論理を世界を表現するための言語と考えると，モデルとは表現したい世界に出現する対象の真理値のみを抜き出した抽象表現と考えるのが自然であることは，2 章に述べたとおりである．その違いをより明確に述べると，前者のモデルの与え方は，与えられた述語文が成り立つような基礎原子文の集合であり，一方，後者は与えられた世界で成り立っている基礎原子文の集合である．この 2 通りのモデルの決め方の整合性を取らなければならない．実際，与えられた述語文が実際に表現したい世界で成り立っている場合にはこれら二つのモデルが一致するので，見かけ上のモデルの決め方の違いは問題にしなくてよい．

例 4.4 において，基礎原子文の集合

$$\{p(0,s(0)), p(s(0),s(s(0))), p(s(s(0)),s(s(s(0)))),\ldots\}$$

のすべての要素の真理値は真となる．それは，解釈 I_1 において，それが集合 $\{0<1, 1<2, 2<3,\ldots\}$ を表し，自然数の世界でこれらの事実がすべて成り立つからである．

同じ領域（あるいは世界）でも，解釈が異なれば，真理値も異なってくる．いま，自然数全体を領域として，述語 p に対して解釈 I_2 を適用すると，「0 が素数で，1 が $0+1$ かつ 2 のべき乗」，「1 が素数で，2 が $1+1$ かつ 2 のべき乗」などは成り立たないので，対応する基礎原子文 $p(0,s(0))$, $p(s(0),s((0)))$ などは，この解釈の下では偽となる．ここで注意したいのは，これら二つの解釈でともに成り立つ基礎原子文も存在する点である．n 個の後続関数の並びを s^n と表すと，それらは，$p(s^3(0), s^4(0))$, $p(s^7(0), s^8(0))$ などである．

一方，解釈を元の I_1 としたときに，領域を例えば自然数を 10 で割った余り，すなわち，$\{0,1,2,\ldots,9\}$ とする．この領域で，$p(0,s(0))$, $p(s(0),s^2(0)))$, $\ldots$, $p(s^8(0), p^9(0))$ まではすべて真となるが，$s^{10}(0)$ に対応する数が 0 となるので，

原子文 $p(s^9(0), s^{10}(0))$ は真とならない。この例は，大小比較という同一の関係によって基礎原子文の真理値を決める場合でも，領域（世界）によってはある基礎原子文の真理値が真となる場合と偽となる場合があることを示している。ほかにも，日常的な世界で，時々刻々変化する現象は，解釈が同じでも世界によってその真理値が異なる例と考えられる。このような述語は，**変量** (fluent) として知られている。例えば，「気温」を表す変数は，時々刻々変化するので，変量である。「首相」や「今世紀」なども変量である。変量についてのより詳しい説明は，文献4) を参照のこと[†]。このように，基礎原子文の真理値は，解釈，および，世界に依存して決まる。

つぎに決めなければならないのは，複合文の真理値である。限量文を除く複合文については，その真理値の決め方は，命題文の場合と同じである。以下に，限量文の真理値の決め方を与えよう。

（2）限量文の真理値　自然数全体の世界の上のつぎの二つの限量文を考えよう。

$\forall X p(X, s(X))$

$\exists X p(X, s(X))$

これら二つの式は，それぞれ

$p(0, s(0)) \wedge p(s(0), s(s(0))) \wedge p(s(s(0)), s(s(s(0)))) \wedge \ldots$

$p(0, s(0)) \vee p(s(0), s(s(0))) \vee p(s(s(0)), s(s(s(0)))) \vee \ldots$

を表している。前者の式は，すべての X に対して $p(X, s(X))$ が真であれば全称限量文が真となることを示している。また，後者の式は，ある X に対して $p(X, s(X))$ が真であれば存在限量文が真となることを示している。すなわち，前者は変数に対して世界の任意の対象への変数割当てを行った結果が真であるときに真となり，後者は結果が真となるような変数割当てが一つでもあれば真

[†] 述語論理が対象としているのは，時間を止めたときのその瞬間に成り立っている世界の表現である。変量はこの条件を逸脱しているので，述語論理だけでこの問題を扱うことはできない。

となる。

以下に，前に与えた二つの解釈で，これら二つの文のそれぞれの真理値を考える。

例えば，解釈 I_1 を考えると，$p(X,Y)$ の p は大小関係 $<$ を表すので，その場合，第2の式だけでなく第1の式も成り立つ。また，第2の解釈を採用し，$p(X,Y)$ を「X が素数で，Y が $X+1$ かつ2のべき乗である。」とすると，すでに見てきたとおり，$p(s^3(0), s^4(0))$, $p(s^7(0), s^8(0))$ などが真となるので，第2の式は成り立つことがわかる。ところが，第1の式 $\forall X p(X, s(X))$ は成り立たない。というのは，上で述べたように，$p(0, s(0)), p(s(0), s((0)))$ などはこの解釈の下では偽となるからである。

変数が二つ以上あるとき，その限量化の順序によって，文の意味が異なってくる場合がある。例えば，原子文 $p(X,Y)$ の解釈を「X が Y を愛する」とし，X, Y の取り得る値の範囲（定義域）をすべての人の集合としたときの八つの限量化のパターンとそれらの意味を以下に示す。

$\forall X \forall Y p(X,Y)$　　すべての人はすべての人を愛する。
$\forall Y \forall X p(X,Y)$　　すべての人はすべての人を愛する。
$\forall X \exists Y p(X,Y)$　　すべての人はある人を愛する。
$\exists Y \forall X p(X,Y)$　　ある人がいて，すべての人はその人を愛する。
$\exists X \forall Y p(X,Y)$　　ある人がいて，その人はすべての人を愛する。
$\forall Y \exists X p(X,Y)$　　すべての人はある人が愛する。
$\exists X \exists Y p(X,Y)$　　ある人がいて，その人はある人を愛する。
$\exists Y \exists X p(X,Y)$　　ある人がいて，その人はある人を愛する。

意味の違いは，各限量子のスコープが入れ子状に決められていることによる。とくに，3番目の文と4番目の文の違いに注目したい。3番目の文では，すべての人 X に対して，ある人 Y が存在し，X は Y を愛することを意味する。このとき，X が異なれば，Y も異なって構わない。すなわち，Y は X に依存して決めることができる。ところが，4番目の文では，ある人 Y が存在して，すべ

ての人 X に対して，X は Y を愛することを意味する．このとき，Y は，すべての X に対して同一人物でなければならない．

（3）なぜ解釈が必要か　述語論理文に対して，なぜ解釈を導入する必要があるのであろうか．それは，述語論理文が，抽象表現を与えているからである．解釈は述語論理文と世界を結び付ける対応関係を与える．そして，基礎原子文の真理値は，解釈によって対応づけられた世界が決定する．

解釈を経ない形式化も可能である．世界を固定して，その世界を記述する言葉自身を使って，定数，関数，および述語を表現すれば，自然にその世界を述語論理で表現したことになる．しかし，その場合には，ある文の真理値がその世界に依存して決まるのか，世界によらずに成り立つのか，という問いに答えるのが難しくなる．

解釈を導入すると，一つの文，あるいは文集合に多くの世界を対応づけることができると同時に，論理表現自身は世界に独立となり，推論過程を世界によらないものとすることができる．

4.2　述語論理文の分類

命題文と同様，述語文は，恒真，恒偽，充足可能の3種類に分類できる．**恒真**とは，すべての世界とすべての解釈のもとで真となる文である．述語文の恒真は，**妥当** (valid) ともいう．**恒偽**とは，すべての世界とすべての解釈のもとで偽となる文である．恒偽は，**矛盾** (contradiction)，あるいは**充足不能** (unsatisfiable) ともいう．**充足可能**とは，その文が真となる世界と解釈の対が存在することである．命題論理と同様，論理定数 $true$ は恒真で，$false$ は恒偽である．また，α を任意の基礎原子文とすると，α は充足可能である．さらに，任意の恒真文の否定は恒偽文である．命題論理と同様，恒真，および矛盾は推論に本質的な役割を果たす．

本節では，とくに限量化された文の中での恒真文を考えよう．

★ 例 4.6 ★　限量化と否定結合子の順序を変えて，等価な論理式を得ることができる。ことわざ「親の心子知らず」は，正確には「すべての子供は親の心を知らない」という意味ではないが，それが正しいとして，論理式で表現すると

$$\forall X \neg understands(X, thought\_of\_parent(X))$$

と表すことができるが，それは「親の心を知っている子供はいない」と言い換えることができる。すなわち，論理式

$$\neg \exists X understands(X, thought\_of\_parent(X))$$

と等価である。この等価性は，つぎのような規則で表される。

$$\neg \exists X \alpha(X) \Leftrightarrow \forall X \neg \alpha(X) \tag{4.1}$$

同様に，つぎの規則が成り立つ。

$$\neg \forall X \alpha(X) \Leftrightarrow \exists X \neg \alpha(X) \tag{4.2}$$

これらの同値式は，3章で与えた命題論理でのド・モルガンの法則に対応している。特に，∀は∧に対応し，∃は∨に対応している。

★ 例 4.7 ★　再び，自然数全体から構成される世界でのつぎの二つの限量文を考えよう。

$$\forall X p(X, s(X))$$
$$\exists X p(X, s(X))$$

これらの二つの文はともにそれらが真となる世界と解釈の対が存在するので，いずれも充足可能文である。

4.3 述語論理における推論

述語論理においても，命題論理と同様，伴意関係，すなわち正しい推論のための条件は，以下のように含意文の恒真性を調べる問題に置き換えられる。

◎ **定理 4.1**　$G = \{\gamma_1, \gamma_2, \ldots\}$ を述語文の集合，α を述語文とする。そのとき，$G \models \alpha$ が成り立つのは，$(\gamma_1 \land \gamma_2 \land \ldots) \Rightarrow \alpha$ が恒真であるとき，かつ，そのときのみである。

定理 4.1 の証明は，伴意関係の定義（左辺が成り立つすべての世界とすべての解釈で右辺が成り立つ），含意の真理値，および恒真文の定義（すべての世界とすべての解釈のもとで真となる文）から，容易に導ける。その証明は命題論理での定理 3.1 に準じる。

ところで，含意文の恒真性のチェックは，命題論理の場合以上に大変で，すべての世界，すべての解釈について調べることは，ほとんど不可能である。そのため，命題論理と同様，証明論が必要になる。述語論理の証明手法も，命題論理の場合と同様，ヒルベルト流の公理論的手法，ゲンツェン流の自然演繹法，およびロビンソンによる融合原理などが知られている。本章では，前節で述べたように，推論方式の単純性と応用可能性を考えて，融合原理を取り上げて，詳しく述べる。

4.4　節　集　合

われわれは，命題論理に対して，連言標準形および選言標準形の二つの標準形を導入した。そして，それらが概念の表現にとって都合が良いことを示した。さらに，リテラルの選言として節を導入し，節の連言を表す節集合を導入した。

ここでは，節の定義を述語論理の場合に拡張する。節および節集合を導入する理由は，命題論理と同様，それが概念の表現に適しているからであるが，それと同時に，それに対して融合法という単純な推論方式が存在するからである。

4.4.1 節集合の定義

初めに，節を定義する。

● **定義 4.7** （節） すべての変数が全称限量されたリテラルの 0 個以上の選言は**節**である。節はリテラルの集合によって表すこともある。

節の集合表現において，各リテラルは選言記号によって結合されている。

ここで注意を要するのは，節の限量子に存在限量が現れない点である。この制限により，後で述べる推論手続きが簡単になる。一方，このような制限は，扱うことのできる述語文の種類を制限してしまうように思えるが，これも後に述べるように，すべての述語文を節集合に変換することが可能なので，そのような問題は起こらない。

前章でも述べたが，リテラルの 0 個の選言，すなわち空節は $false$ を表す。また，任意の基礎原子文は節である。節中の変数に対する全称限量のスコープはすべて節全体に及ぶものとする。このとき，すべての全称限量子は式の左端に置かれ，その順序は問題にならない。そのため，通常は表現を簡略化するために，全称限量子は省略する。節は，正リテラルのみを用いた表現も可能である。そのためには，含意を用いる。いま，節 C が m 個の正リテラル $p_1, p_2, \ldots, p_m$ と n 個の負リテラル $\neg q_1, \neg q_2, \ldots, \neg q_n$ の選言であるとすると，それは，つぎのような含意文として表現できる。

$$q_1 \wedge q_2 \wedge \ldots \wedge q_n \Rightarrow p_1 \vee p_2 \vee \ldots \vee p_m$$

ここで，含意記号 $\Rightarrow$ の両辺で，結合子が異なることに注意しよう。左辺（前提部）ではそれは連言記号 $\wedge$ であり，右辺（帰結部）では選言記号 $\vee$ である。節

のこれらの記法は，場合に応じて使い分けることにする．

★ 例 4.8 ★　述語論理の節を用いると，一般的なルールの記述が可能になる．自動車分類の例で，以下のような命題論理による分類規則を与えた．

車体の色 = 白 かつ サイレン = 有り ならば 自動車の種類 = 救急車

ところが，この分類規則は，特定の自動車についての言及がないので，この文は「現在問題にしている特定の自動車」についての規則であることを暗黙裏に仮定している．すなわち，この規則を利用するためには，現在，問題となっている自動車に関する車体の色，サイレンの有無などの情報を命題論理の文として与える必要がある．ところが，何台かの自動車の中から救急車を選び出す場合，個々の自動車を表すための項が必要となる．いま，変数 X が自動車であることを述語記号 car を用いて $car(X)$ と表すとする．さらに，自動車 X の色が 白 であるという事実を $color(X, white)$ と表し，自動車 X がサイレンをもつという事実を $has\_siren(X)$ と表し，自動車 X が救急車であるという事実を $class(X, ambulance)$ と表したとする．ここで，$color$, has_siren, $class$ は述語記号で，$white, ambulance$ は定数である．このとき，同じ文類規則は

$$\forall X car(X) \land color(X, white) \land has\_siren(X) \Rightarrow class(X, ambulance)$$

のように表現される．

つぎに，節形式，あるいは節集合を定義する．

●定義 4.8　節の 0 個以上の連言は**節形式**である．節形式は，節の集合によって表すこともある．そのとき，その集合を**節集合**という．

節の 0 個の連言，すなわち空集合は $true$ を表す．また，節集合において，節どうしは連言記号によって結合されていることに注意しよう．節形式，あるい

は節集合の例は，例 4.12 で与える。

4.4.2 任意の述語文の節集合への変換

存在限量子を含む任意の述語文を節集合に変換する手続きを考えよう。その基本方針は，初めにすべての限量子を左端に移動させる。そのような論理式を**冠頭標準形** (prenex normal form) と呼ぶが，つぎに冠頭標準形の限量子以外の本体部分（母式と呼ぶ）を連言標準形に変換し，最後に存在限量子を取り除く。以下にこれらのステップを順次説明する。

（1） 論理式の冠頭標準形への変換　初めに，準備として冠頭標準形を定義する。

● **定義 4.9**　Q_i を $\forall$ あるいは $\exists$ として，すべての変数が式の左端で限量された

$$(Q_1)\ldots(Q_n)(M)$$

の形の述語文を冠頭標準形という。また，M を**母式** (matrix) と呼ぶ。

★ **例 4.9** ★　以下に，いくつかの冠頭標準形の例を示す。

- $\exists Y \forall X p(X, Y)$
- $\forall X \forall Y (parent(X, Y) \Rightarrow child(Y, X))$
- $\forall X \exists Y \neg p(X) \lor (q(Y) \land r(X, Y))$

任意の論理式はまず冠頭標準形に変換することができる。以下にその手続きの概要を示そう。

● **定義 4.10**　与えられた論理式から冠頭標準形への変換手続きは，つぎのとおりである。

1. 以下の等式を用いて，含意記号および同値記号を除去する。

(a) $(p \Rightarrow q) \Leftrightarrow (\neg p \vee q)$

(b) $(p \Leftrightarrow q) \Leftrightarrow ((p \Rightarrow q) \wedge (q \Rightarrow p))$

2. 以下の二重否定のトートロジー，ド・モルガンの法則を用いて，否定記号を原子文の直前に移動する．

(a) $\neg(\neg\alpha) \Leftrightarrow \alpha$

(b) $\neg(\alpha \wedge \beta) \Leftrightarrow \neg\alpha \vee \neg\beta$

(c) $\neg(\alpha \vee \beta) \Leftrightarrow \neg\alpha \wedge \neg\beta$

(d) $\neg\exists X \alpha(X) \Leftrightarrow \forall X \neg\alpha(X)$

(e) $\neg\forall X \alpha(X) \Leftrightarrow \exists X \neg\alpha(X)$

3. 以下の等式を用いて，限量子を左端に移動する．

(a) $(QX)\alpha\{X\} \vee \beta \Leftrightarrow (QX)(\alpha\{X\} \vee \beta)$

(b) $(QX)\alpha\{X\} \wedge \beta \Leftrightarrow (QX)(\alpha\{X\} \wedge \beta)$

(c) $\forall X \alpha\{X\} \wedge \forall X \gamma\{X\} \Leftrightarrow \forall X(\alpha\{X\} \wedge \gamma\{X\})$

(d) $\exists X \alpha\{X\} \vee \exists X \gamma\{X\} \Leftrightarrow \exists X(\alpha\{X\} \vee \gamma\{X\})$

(e) $\forall X \alpha\{X\} \vee \forall X \gamma\{X\} \Leftrightarrow \forall X \alpha\{X\} \vee \forall Z \gamma\{Z\}$

(f) $\exists X \alpha\{X\} \wedge \exists X \gamma\{X\} \Leftrightarrow \exists X \alpha\{X\} \wedge \exists Z \gamma\{Z\}$

ステップ3の最後の二つのルール (e), (f) において，変数 Z は X と異なる新たな変数である．式 $\gamma\{X\}$ から $\gamma\{Z\}$ への変換を，**改名** (renaming) と呼ぶ．一般に，束縛変数はその変数の限量子によってスコープが決まるので，スコープの外にある変数が同じ名前を使ってはいけない．変数の改名は，それを避けるためである．ところで，その上の二つの式 (c), (d) は，スコープ外の変数に対しても同じ変数を使っている．これは，この同値式が成り立つためである．この同値式の証明は，章末問題とする．

★ 例 4.10 ★　生物分類において「すべての動物は心臓を持つ」という事実の表現を考えてみよう．この事実は

$$\forall X\, animal(X) \Rightarrow \exists Y\, heart(Y) \wedge has(X, Y)$$

のような全称限量と存在限量の入れ子で表すことができる。この表現を等価な冠頭標準形に変形しよう。そのためには，まず含意記号 ⇒ を除去する必要がある。その結果は

$$\forall X \neg animal(X) \lor \exists Y heart(Y) \land has(X,Y)$$

のようになる。ここで，存在限量子をできるだけ左に移すと

$$\forall X \exists Y \neg animal(X) \lor (heart(Y) \land has(X,Y))$$

となる。ここで得られた式は冠頭標準形である。そのとき，式

$$\neg animal(X) \lor (heart(Y) \land has(X,Y))$$

は，この冠頭標準形の母式である。

そこに現れる存在限量変数を取り除く方法を以下に示す。存在限量子は，「なにかあるもの」を示している。節集合では，それを特別な定数で表す。この定数のことを**スコーレム定数** (Skolem constant) と呼ぶ。ところが，全称限量子のスコープ内に現れる存在限量変数は全称限量変数に依存し得るので，その依存関係を**スコーレム関数** (Skolem function) として表す。ここで，スコーレム関数に現れる変数は，その存在限量変数が依存し得るすべての全称限量変数である。スコーレム定数あるいはスコーレム変数を導入することによって存在限量変数を除去する処理を**スコーレム化** (Skolemization) と呼ぶ。

★ **例 4.11** ★　　初めに，存在限量変数が左端に現れる例を考えよう。

$$\exists Y \forall X p(X,Y)$$

この文は，$p(X,Y)$ を X は Y を愛するとすると，「ある人 Y がいて，すべての人はその人を愛する」ことを意味する。この文をスコーレム定数 a を導入してスコーレム化すると

$$\forall X p(X,a)$$

となる。

★ 例 4.12 ★ つぎに，存在限量子が全称限量子のスコープ内に現れる例として，冠頭標準形の項で取り上げた生物分類の例について再度考えよう。その冠頭標準形は

$$\forall X \exists Y \neg animal(X) \lor (heart(Y) \land has(X, Y))$$

となることは，すでに述べた。つぎに $\lor$ の分配規則により，母式が以下のように連言標準形となる。

$$\forall X \exists Y (\neg animal(X) \lor heart(Y)) \land (\neg animal(X) \lor has(X, Y))$$

を得る。ここで，存在限量変数を除去するために，スコーレム関数を導入すると，つぎの式を得る。

$$\forall X (\neg animal(X) \lor heart(h(X))) \land (\neg animal(X) \lor has(X, h(X)))$$

この式の構成要素である二つの選言，すなわち節は，ともに同じ心臓を表すスコーレム関数 h を含んでいる。また，その母式は全称限量化された連言標準形であり，節形式になっている。また，その集合表現

$$\{(\neg animal(X) \lor heart(h(X))), (\neg animal(X) \lor has(X, h(X)))\}$$

は，節集合である。

上の式のような，全称限量子のみを含み，母式が連言標準形の冠頭標準形を**スコーレム標準形** (Skolem normal form あるいは Skolem standard form) という。スコーレム標準形は，その母式は必ず連言標準形であることに注意しよう。

ここで注意しなければならないのは，任意の矛盾する論理式を変換してスコーレム標準形が得られたときに，その結果もやはり矛盾しており，その逆も成り立つ，すなわち，スコーレム標準形への変換は充足不能性を保つ，という事実

である。この事実により，スコーレム標準形での反駁証明が元の論理式の反駁証明となる。以下に，この事実を証明しよう。

◎ **定理 4.2** 　述語文 F をスコーレム標準形に変換した式を S とする。F が充足不能であれば，S も充足不能であり，その逆も成り立つ。

[証明]　一般性を失うことなく，F を冠頭標準形と仮定してよい。いま

$$F = (Q_1 X_1)\ldots(Q_n X_n)(M[X_1,\ldots,X_n])$$

とする。ここで，$M[X_1,\ldots,X_n]$ は，変数 $X_1,\ldots,X_n$ を含む母式を表す。いま，Q_r を最初の存在限量子とする。述語文 F_1 を以下の式で定義する。

$$F_1 = (\forall X_1)\ldots(\forall X_{r-1})(Q_{r+1} X_{r+1})\ldots(Q_n X_n)$$
$$(M[X_1,\ldots,X_{r-1},f(X_1,\ldots,X_{r-1}),X_{r+1},\ldots,X_n])$$

ここで，f は，X_r に対応するスコーレム関数である。初めに，F が充足不能なら，F_1 も充足不能であり，その逆も成り立つことを証明する。まず，F が充足不能であると仮定しよう。そのとき，もしも F_1 が充足可能であれば，ある解釈 I が存在し，F_1 は I の下で真となる。すなわち，$X_1,\ldots,X_{r-1}$ のすべての基礎例 $a_1,\ldots,a_{r-1}$ に対して，ある基礎項 $f(a_1,\ldots,a_{r-1})$ が存在して，I の下で

$$(Q_{r+1} X_{r+1})\ldots(Q_n X_n)$$
$$(M[a_1,\ldots,a_{r-1},f(a_1,\ldots,a_{r-1}),X_{r+1},\ldots,X_n])$$

が真となる。ここで，$a_1,\ldots,a_{r-1}$ はすべての基礎例をとってよいので，述語文 F が真となるが，これは矛盾する。すなわち，F_1 は充足不能でなければならない。

逆に，F_1 が充足不能であると仮定する。そのとき，もしも F が充足可能であれば，領域 D 上のある解釈 I が存在して，F は I 上で真となる。すなわち，$X_1,\ldots,X_{r-1}$ のすべての基礎例 $a_1,\ldots,a_{r-1}$ に対して，ある基礎項 a_r が存在して

$$(Q_{r+1} X_{r+1})\ldots(Q_n X_n)(M[a_1,\ldots,a_{r-1},a_r,X_{r+1},\ldots,X_n])$$

が真となる。そのとき，解釈 I に D 中のすべての基礎例 $a_1,\ldots,a_{r-1}$ を a_r に写像する関数 f を付け加え，その解釈を I' とする。すると，解釈 I' の下で，任意の $a_1,\ldots,a_{r-1}$ に対して

$$(Q_{r+1}X_{r+1})\ldots(Q_nX_n)$$
$$(M[a_1,\ldots,a_{r-1},f(a_1,\ldots,a_{r-1}),X_{r+1},\ldots,X_n])$$

が真となる．すなわち，F_1 が解釈 I' の下で真となるが，これは F_1 が充足不能であるという仮定に反する．

　ここまでは，最初の存在限量子についての証明を行ったが，同じ証明を残りの存在限量子に対して行えばよい．

　スコーレム標準形では，全称限量子が文の先頭に集められていたが，これらは各連言肢ごとに分散させてよい．それは，全称限量文 $\forall XP(X)\wedge Q(X)$ を X の定義域のすべての要素に対する連言に展開してみれば明らかである．そうすると，この文は，$\forall XP(X)\wedge\forall XQ(X)$ となるが，これら二つの全称限量文の変数は独立であるので，それらは異なった変数で表したほうが誤解が生じない．そのため，この文を $\forall XP(X)\wedge\forall YQ(Y)$ のように表す．連言肢 $P(X)$, $Q(Y)$ はともにリテラルの選言，すなわち節であるので，このようにして得られた文は，節の連言となっていることがわかる．すなわち，スコーレム連言標準形は，容易に節の連言，すなわち節形式あるいは節集合に変換できる．

　まとめると，節はリテラルの選言であり，節集合は節の連言である．節および節集合ともに，集合によって表現できるが，その場合，前者は選言を表し，後者は連言を表す．

4.5　融　合　法

　述語論理の融合規則は，命題論理の融合規則に単一化を組み込んだものである．
　単一化は，変数に適当な項を代入することによって，二つ以上の表現を同一にする操作である．以下に，まず代入を定義し，つぎにそれに基づいて単一化を定義する．最後に融合法について説明する．

4.5.1 代　　　　入

全称限量変数に対して，その変数を含まない任意の項を**代入** (substitution) することにより，より特化された項に変化させることができる．もともと全称限量変数を含む述語文は，その変数になにを代入しても成り立つことを意味しているので，その変数を含まなければ任意の項を代入しても，その述語文の正しさは保証される．しかし，その変数を含む項は代入することができない．例えば，変数 X に項 $f(X)$ は代入できない[†]．代入は，＜変数＞/＜項＞の形をした式の集合で与えられ，通常，ギリシャ文字の小文字で表される．例えば，変数 X, Y への定数 $sazae$ および $tarao$ の代入を θ とすると，$\theta = \{X/sazae, Y/tarao\}$ と表される．また，変数には関数項も代入できるので，変数 X への項 $heart(Y)$ の代入は，$\sigma = \{X/heart(Y)\}$ と表される．つぎに述語文への代入操作の実行を定義する．

● **定義 4.11**　　F を項，リテラル，節のいずれかとする（以下ではこれらを総称して**表現**と呼ぶ）．そのとき，F に対する代入操作 θ の実行を $F\theta$ と表す．$F\theta$ は，F 中に現れる全称限量変数に代入 θ を施したものである．ここで，θ は F の右に書かれる**後置演算子** (post fix operater) である．

★ **例 4.13** ★

1. $F = mother(X, Y)$, $\theta = \{X/sazae, Y/tarao\}$ のとき，$F\theta = mother(sazae, tarao)$ となる．この例のように，代入の結果が変数を含まないとき，そのような代入を**基礎代入** (ground substitution) と呼ぶ．さらに，代入の結果として得られた表現を元の表現に対する**基礎例**

[†] $f(X)$ の中の変数 X に項 $f(X)$ を代入すると $f(f(X))$ となり，これを繰り返すと，$f(f(\ldots f(\ldots)\ldots))$ のように無限に続く項が作られてしまう．このために，このような代入は許さないのが普通である．しかし，Colmerauer による Prolog II では，この代入を許している．このようにしてできる項を無限項 (infinite term) と呼ぶ．

(ground instance) と呼ぶ。

2. $\theta = \{\}$ は，空代入である。任意の表現に空代入を施しても，その表現は変化しない。

3. 表現に出現しない変数に関する代入は，空代入と同じである。例えば，$mother(X, Y)\{Z/katsuo\} = mother(X, Y)$ となる。

つぎに，代入の合成を定義しよう。それは，ある表現に連続して代入操作を施すときに起こる。

● **定義 4.12** $\theta = \{U_1/s_1, U_2/s_2, \ldots U_m/s_m\}, \phi = \{V_1/t_1, V_2/t_2, \ldots V_n/t_n\}$ をそれぞれ代入としたとき，θ 中の各 $s_i (1 \leq i \leq n)$ に出現する変数 $V_j (1 \leq j \leq m)$ に代入 $\{V_j/t_j\}$ を施したものに θ 中に出現しなかった ϕ 中のすべての変数 V_k の代入 $\{V_k/t_k\}$ を加えたものを θ と ϕ の合成代入といい，$\theta \circ \phi$ と書く。

★ **例 4.14** ★

$$\{X/f(Y, U)\} \circ \{Y/g(Z), U/a, V/W\} = \{X/f(g(Z), a), V/W\}$$

合成代入に関して，定義より以下の関係が成り立つ。

任意の表現 A について，$(A\theta)\phi = A(\theta \circ \phi)$ である。すなわち，A に初めに θ を施し，その結果に ϕ を施したものと，A に代入 $\theta \circ \phi$ を施したものは同じである。

合成代入は，代入操作を演算子の適用と見なした場合，演算子の合成と考えられる。また，合成代入は以下で導入する最汎単一化の定義で用いられる。

4.5.2 単　一　化

単一化 (unification) †は，二つ以上の原子文の集合に対して定義され，それらの原子文の中に現れる変数に適当な代入を施してそれらをすべて同じにする

---

† 同一化とも訳される。

操作である．単一化は，変数への代入を伴うので，述語論理に特有な演算である．以下では，二つの原子文（正確には，二つの原子文からなる集合）の単一化のみを考えることにする．任意の二つの原子文が単一化によって同じになるわけではない．単一化は，与えられた二つの原子文が同一になる場合には，それらを同じにする代入を求めるが，もし同一にすることができない場合には，単一化は失敗する．そのとき，これらの二つの原子文は**単一化不能**であるという．例えば，述語記号が異なる原子文どうしは単一化不能である．また，同一の引数の場所に異なる定数がある場合も，単一化不能である．述語記号が同じでも引数の数の異なる述語どうしは単一化不能である．関数についても同様である．単一化によって得られた代入を**単一化代入**と呼ぶ．代入を表す記号には，σ や θ などのギリシャ文字を用いる．例えば，原子文 $p(X,Y)$ と $p(0,s(0))$ を単一化するためには，変数 X に定数 0 を代入し，変数 Y に定数 $s(0)$ を代入すればよいが，その代入 θ は

$$\theta = \{X/0, Y/s(0)\}$$

のように表される．また，文 C に代入 θ を施す操作は，$C\theta$ のように文の後に代入を置くことによって表す．例えば，原子文 $p(X,Y)$ に上で定義した代入 θ を施すと

$$p(X,Y)\theta = p(X,Y)\{X/0, Y/s(0)\} = p(0,s(0))$$

のようになり，代入の結果，原子文 $p(0,s(0))$ と同一になることがわかる．

単一化代入は，一意的には定まらない．例えば，原子文 $p(X,Y)$ と原子文 $p(0,Z)$ の単一化代入を考えると，$\{X/0, Y/Z\}$, $\{X/0, Y/s(0), Z/s(0)\}$, $\{X/0, Y/s(s(0)), Z/s(s(0))\}$ などは，すべて単一化代入である．その中でわれわれがほしいのは，最初の代入である．この最初の代入は Y と Z が等しくなることのみを要求しているが，後の二つは，それらがともに $s(0)$ あるいは $s(s(0))$ に等しくなることを要求している．われわれが望む最初のような単一化および代入を，それぞれ**最汎単一化**および**最汎単一化代入** (most general unifier, **MGU**)

と呼ぶ。それは、変数に対する必要以上の具体化を行っていないからである。

以下に、いくつかの例を示して、最汎単一化が実際になにを行うのかを確かめよう。

★ 例 4.15 ★

1. $\{p(X, s(0)), p(0, Y)\}$ の MGU は $\{X/0, Y/s(0)\}$ である。すなわち、最汎単一化において、変数はどちらの原子文に含まれていてもよい。6章で紹介する論理プログラミング言語では、述語の呼出しの際、通常のプログラミング言語と同様、引数の受け渡しを行うが、その仕組みとして最汎単一化代入を用いる。そのとき、引数は述語の呼出し側から呼び出されるほうに一方向に渡される必要はなく、引数の授受は双方向的に行うことができる。

2. $\{p(X, s(0)), p(Y, Y)\}$ の MGU は、$\{X/s(0), Y/s(0)\}$ である。この MGU は、連立方程式 $X = Y, s(0) = Y$ を解くことによって得られる。

3. $\{p(X, g(X, Y)), p(Z, g(a, f(Z)))\}$ の MGU は、$\{X/a, Y/f(a), Z/a\}$ である。この MGU は、連立方程式 $X = Z, X = a, Y = f(Z)$ を解くことによって得られる。

4. $\{p(X, s(0)), q(0, Y)\}$ は単一化不能である。述語名が異なる原子文は、たとえ引数がすべて単一化可能でも単一化できない。

5. $\{p(0, s(0)), p(Y, Y)\}$ は単一化不能である。それは、連立方程式 $0 = Y, s(0) = Y$ が解を持たないからである。

ここで、最汎単一化代入のより形式的な定義を与えよう。これまでは単一化は二つの表現を対象としてきたが、以下の定義では単一化は二つ以上の表現を対象としている。すなわち、一般には二つ以上の複数の表現を一致させる代入を求める問題となる。

● 定義 4.13　(最汎単一化代入)　　n 個の表現 $A_1, \ldots, A_n$ に単一化代入

θ_0 が存在し，いかなるほかの $A_1, \ldots, A_n$ の単一化代入 θ に対しても $\theta_0 \circ \phi = \theta$ となる代入 ϕ が存在するとき，θ_0 を $A_1, \ldots, A_n$ の**最汎単一化代入** (MGU) という。

この定義が最汎単一化代入の妥当な定義になっていることは，容易に理解できるであろう。最汎単一化代入は無駄な代入をしないので，ほかの任意の単一化代入はそのような無駄のない最汎単一化代入とその他の無駄な代入との合成として表せるのである。

最汎単一化代入のアルゴリズム

最汎単一化代入を求めるアルゴリズムに対する入力は，一般には二つ以上の複数の表現であるが，ここでは，二つの表現の最汎単一化代入を求めるアルゴリズムを紹介しよう。その二つの表現を A, B とする。

1. 最汎単一化代入の初期値を $\theta = \{\}$ とする。
2. 表現 A, B を左から順に調べ，初めて異なる表現が現れたときの各記号からなる 2 要素の集合を求める。この集合は，**不一致集合**と呼ばれる。
3. 不一致集合が空集合であれば，（表現 A, B は同一であるので）解を θ として，成功裏に停止する。
4. もし，不一致集合の一方が変数 V で，他方が項 T であれば，代入 V/T を集合 θ に追加する。さもなければ（すなわち，不一致集合の両要素とも変数でなければ），単一化はできないので，失敗して停止する。
5. $A\{V/T\}, B\{V/T\}$ を新しい A, B として，ステップ 2 に戻る。

4.5.3 融　　　合

融合は，二つの節から一つの節を求める演算で，それは正しさを保存する演算である。

2 章で述べたように，融合演算は連立方程式での消去演算とよく似ている。連

立方程式での変数消去操作を思い出してみよう．例として

$$2x + 3y = 7$$
$$3x - 2y = 4$$

を解く問題を考えよう．この両式から y を消去するには，第 1 の式の 2 倍と第 2 の式の 3 倍を加えればよい．その結果，式 $13x = 26$ を得る．ここで第 1 の式を 2 倍し，第 2 の式を 3 倍するのは，第 1 の式と第 2 の式の y の項を一致させるためである．つぎに，融合の例を与えよう．

$$p(X, s(s(0))) \quad \lor \quad q(X, s(s(s(0))))$$
$$r(Y, s(s(s(0)))) \quad \lor \quad \lnot q(s(s(0)), Y)$$

融合法は，まず，二つの節から符号が反対で，しかも単一化可能なリテラルの対を選ぶ．この例では，$q(X, s(s(s(0))))$ および $\lnot q(s(s(0)), Y)$ の対がそれに当たる．これは，連立方程式の例では，消去すべき変数 y の選択に相当する．つぎに，その二つのリテラルの単一化を行う．そして，単一化代入 $\{X/s(s(0)), Y/s(s(s(0)))\}$ を得る．この代入を両式に施す．これは，連立方程式で，第 1 の式を 2 倍し，第 2 の式を 3 倍することに相当している．そして，最後にそれらのリテラルを消去し，残ったリテラル集合の和集合を求める．これは，連立方程式で y の係数を合わせた後で両式を加えていることに対応している．結果として得られる式は，つぎのようになる．

$$p(s(s(0)), s(s(0))) \lor r(s(s(s(0))), s(s(s(0))))$$

つぎに，融合演算の定義を与えよう．

●**定義 4.14** 二つの節を $C_1 = D_1 \cup \{l_1\}$, $C_2 = D_2 \cup \{\lnot l_2\}$ とし，l_1 と l_2 が単一化可能で，それらの最汎単一化代入を θ とする．そのとき，C_1 と C_2 とから節 $C = D_1\theta \cup D_2\theta$ を求める操作を**融合**と呼ぶ．また，C を C_1 と C_2 の**融合節**と呼ぶ．

融合操作は，**融合原理** (resolution principle) とも呼ばれている．つぎに，融合証明手続きを定義する．この定義は，3章で与えた命題論理に対する融合証明手続きの定義とまったく同じである．

● **定義 4.15** （融合証明手続き）　　与えられた節集合 Σ_0 から節 α を導く**融合証明手続き**は，つぎのとおりである．

1. $\Sigma = \Sigma_0$ とする．
2. Σ の中から融合可能な節の対を適当に選び，それらの節に対して融合を行い，融合節 C を得る．もし，C が α なら，停止する．
3. $\Sigma \cup \{C\}$ を新たな Σ として，ステップ2に戻る．

このとき，$\Sigma_0 \vdash_r \alpha$ と表す．

4.6　融合法の健全性と反駁完全性

推論規則が正しいとき，すなわち，正しい前提から正しい帰結が導き出されるとき，その推論規則は**健全**であるという．また，ある前提から伴意されるいかなる帰結をも導くことができるとき，その推論規則は**完全**であるという．融合規則は健全であるが，完全ではない．しかしながら，融合規則によって，ある前提から伴意される帰結の否定を前提に付け加えて，そこから矛盾を導くことができる．このことを**反駁完全** (refutation complete) と呼ぶ．融合法は，現存する多くの定理証明器の土台になっている．融合規則さえ用いれば，どんな問題にも対処できるので，そのアルゴリズムが簡潔になる．融合規則の健全性の証明は容易であるが，反駁完全性の証明は厄介である．実際に融合規則の導入，および，その反駁完全性の証明はロビンソンによってなされた[10]．融合規則の反駁完全性の証明は，原論文のほかに，岩波講座「論理と意味」（岩波書店）[11]，「人工知能基礎論」（オーム社）[12]，「エージェントアプローチ　人工知能」（共

立出版)[4])などに詳しく書かれている。ここでは，証明の概略を紹介するにとどめよう。

■ エルブランの定理

融合規則の反駁完全性の証明は命題論理での融合規則の反駁完全性の証明に帰着される。そのために，特別な空間を選んで基礎代入を行う。そのような領域としてここで導入するのが，**エルブラン領域** (Herbrand universe) である。エルブラン領域 U_L は，各節集合に対して定義される。それは，その節集合に現れるすべての定数，および，関数記号から生成されるすべての基礎項の集合である。もし定数が一つも現れない場合には，適当に一つの定数 a を導入する。

★ **例 4.16** ★　節集合 $\{nat(0), (nat(s(X) \Leftarrow nat(X))\}$[†]のエルブラン領域 U_L は，集合 $\{0, s(0), s(s(0)), \ldots\}$ である。

いままでは，述語文はある与えられた世界を想定し，解釈によって文に現れる記号と世界の関連付けを行ってきた。また，その場合，項が取り得る値の領域は，世界に現れる対象の集合によって決められてきた。ところが，エルブラン領域では，述語論理の表現をそのまま領域とする。これは，理論的な考察のための特別な領域である。

この領域は，「不思議の国のアリス」での「不思議の国」のようなものである。そこでは，トランプの数字のカードが登場する。すなわち，「二」とか「五」とか「七」とかが登場人物として現れる[13])。これは，論理学者である Lewis Carroll によって生み出された，架空の世界である。

エルブラン基底 (Herbrand base) も，同様に各節集合に対して定義される。それは，その節集合に現れるすべての変数にエルブラン領域の要素を代入して得られるすべての基礎原子式の集合である。

つぎに，**エルブラン解釈** (Herbrand interpretation) を定義しよう。以下の

[†] これまでは，含意記号は $\Rightarrow$ のように右向きの二重矢印を用いていたが，左向き二重矢印も使うことにする。その場合，含意の前提と帰結の場所が入れ換わる。

定義は，定義 4.5 で与えた述語文の解釈の特別な場合である．

●**定義 4.16** （エルブラン解釈）　述語文 α のエルブラン領域を U とする．そのとき，α のエルブラン解釈 I_H は，以下の 2 ステップによって与えられる．

1. α 中の定数記号，関数記号への割当て．
    (a) 定数記号 c に U の元 c を割り当てる．すなわち，自分自身を割り当てる．
    (b) f を n 引数の関数記号，$t_1, \ldots, t_n$ を U の要素とすると，f には $(t_1, \ldots, t_n)$ (U^n の要素) を $f(t_1, \ldots, t_n)$ (U の要素) に写像する関数 $f^{I_H} : U^n \to U$ を割り当てる．
2. 基礎原子文への真理値の割当て．
    上の割当てにより，α のエルブラン基底が決まる．エルブラン基底の各要素に $\{true, false\}$ を割り当てる．

エルブランの定理[14]は，述語論理での反駁証明を命題論理でのそれに結び付ける重要な定理である．その定理の準備として，必要な用語および補題を与えよう．

●**定義 4.17**　任意の節形式 $S = (\forall X_1) \ldots (\forall X_n) M[X_1, \ldots, X_n]$ の全称変数 $X_1, \ldots, X_n$ にエルブラン領域の項 $t_1, \ldots, t_n \in U$ を代入して得られる論理式 $M[t_1, \ldots, t_n]$ の全体を S の基礎節集合と呼ぶ．

○**補題 4.1**　任意の節形式（節集合）S の基礎節集合を Γ とする．そのとき，Γ が命題論理式の集合として[†] 充足可能であれば，S は充足可能である．

---

† Γ の要素は S の基礎節なので変数を含まない．そのため，基礎節中の各アトムを新たな命題記号に置き換えれば，Γ の各要素は命題論理式となる．

この補題が成り立つことは，直感的には明らかであろう．Γ の命題論理式の集合としての充足可能性から，その各要素が命題論理式として充足可能であることが分かるが，そうすると，S はその連言とみなせるので，やはり充足可能となる．

この補題を用いると，以下のエルブランの定理が証明できる．

◎ **定理 4.3**（エルブランの定理）　任意の節集合 S が充足不能なら，その基礎節集合 Γ の有限部分集合の中に充足不能なものが存在する．

この定理の証明の大略は，以下の通りである．補題 4.1 より，S が充足不能なら，Γ は命題論理式の集合として充足不能である．そのため，その有限部分集合で充足不能なものが存在する[†]．

この定理は，述語論理上の充足不能な節集合を反駁証明する問題を命題論理に翻訳する際に，どのような命題節集合を選択すればよいかを決めるための重要な示唆を与えている．すなわち，その節集合の基礎節集合 Γ のある有限部分集合を考えればよいことになる．

基礎節集合に対しては，つぎの**基礎完全性定理**が成り立つ．

◎ **定理 4.4**（基礎完全性定理）　基礎節集合 Δ が充足不能なら，融合規則のみを用いて Δ から矛盾を導くことができる．

この定理は，命題論理における反駁完全性定理（定理 3.2）そのものである．この定理により，基礎節集合の融合法の反駁完全性が保証される．そのため，充足不能な基礎節集合に対しては，融合法による反駁証明が存在する．最後に，その証明を対応する述語論理の節集合上での証明に対応付ける．この対応付けがいつも可能なら，述語論理の節集合の反駁完全性問題が解けたことになる．

[†] この事実は自明ではない．これを証明するためには，命題論理のコンパクト性を必要とする．詳しくは，文献5) などを参照のこと．

この対応付けを保証しているのが，**持ち上げ補題**である．持ち上げ補題は，二つの節の基礎代入例どうしの融合節は元の二つの節の融合節の基礎代入となっていることを保証している．この補題により，基礎節集合上の反駁証明に対して，述語論理の節集合上の反駁証明を構築することができる．以上で融合法の反駁完全性の証明が完結する（図 4.1）．

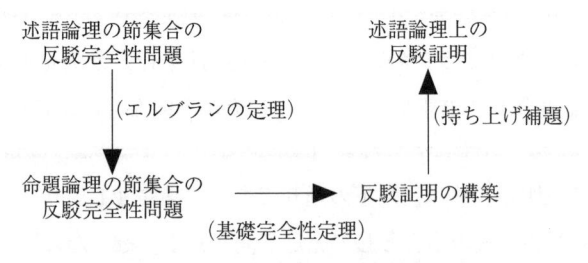

図 4.1 融合法の反駁完全性証明の大筋

エルブランモデルは，与えられた節集合が真となるような**エルブラン基底**の部分集合として定義される．ここで，各基礎原子文の真理値は，その集合に属していれば真で，それ以外なら偽と定める．エルブランモデルは論理式が実際に表現すべき具体的世界ではない．その式に対する最も単純で，余分な対象を一切含まない世界であるといえる．すなわち，それは最も抽象的なモデルであるともいえる．

4.7　融合法の証明戦略

融合原理は，述語論理の定理証明の機械化を大きく前進させたが，それだけでは不十分で，その後，効率を向上させるためのさまざまな証明戦略が開発された．それらは，融合法が含んでいる非決定性をできるだけ軽減するための工夫である．ここでは，代表的な証明戦略として，支持集合戦略と SL 融合法を紹介する．

4.7.1 支持集合戦略

融合法による反駁証明では，通常，証明したい定理の否定を伴意式の前提に付け加えて，そこから矛盾を導く．そのため，証明の各ステップでは，融合される二つの節の間に矛盾が含まれていなければ意味がない．支持集合戦略では，矛盾を導きたい文の集合を矛盾のない部分とそれ以外の部分に分ける．そして，各証明ステップでは，かならずこれら二つの集合から融合される節を一つずつ取り出して，融合証明を進める．このとき，後者の集合を**支持集合**と呼ぶ．支持集合戦略は，完全性を損なわないことが知られている．また，矛盾を含まない部分から融合される二つの節を取り出すような無駄な融合ステップを含まないので，証明の高速化に大きく寄与する．

一方，支持集合を選び出す問題が残るが，もともとの伴意式の前提は通常，無矛盾な論理式の集合として与えられ，反駁証明の際に新たに加えられるべき帰結の否定を支持集合とすればよい．

4.7.2 SL 融 合 法

SL 融合法 (selective linear resolution) は，第 1 に融合される二つの節，および各節の中で消去されるリテラルをあらかじめ与えられた選択関数を用いて決定し (selective)，第 2 に各証明ステップで融合される節の一つは必ず直前の融合節を用いるという戦略である．第 2 の基準により，証明図は直線的になる (linear)．そのような制限を加えても完全性が失われないことが示されている．SL 融合法の利点は，融合される節およびリテラルの選択基準を任意に決めてよい点である．SL 融合法にさらに制限を加えた融合法に，**入力融合法** がある．入力融合法では，融合される節のうち，直前に得られた融合節以外の節としては，必ず入力節，すなわち，当初から与えられた節集合の要素を用いる．それは 6 章で解説する論理型言語 Prolog の実行戦略になっている．入力融合法は一般の述語論理に対しては完全ではないが，Prolog に対しては完全であることが知られている．

4.8 融合法の包摂による強化

融合法は，反駁完全であるが，完全ではない。すなわち，ある文から伴意されるすべての正しい帰結を融合規則のみで導くことはできない。融合法に包摂演算を付け加えた推論法は完全である。以下では，この完全な推論法を説明しよう。まず初めに，包摂演算を導入する。

● **定義 4.18** （包摂）　C, D を二つの節とする。もし，$C\theta \subseteq D$ を満たす代入 θ が存在するとき，節 C は D を**包摂する** (subsume) といい，$C \succeq D$ と表す。

この定義において，各節はリテラルの集合によって表現されているものとする。包摂は，9 章で説明する帰納論理プログラミングで重要な働きをする。それは，二つの節の間の一般化の階層関係を表す。節は概念の表現に用いられるので，包摂は概念間の一般化階層を表すことになる。包摂の意味を理解するのはやや困難かもしれない。その理解を助けるために，まず，上の定義での二つの極端な場合を考えよう。第 1 に，$C\theta = D$ とすると，節 C は節 $C\theta$ を包摂することがわかる。すなわち，元の節に代入を施して得られた $C\theta$ よりも一般的な概念を表す。第 2 に，$\theta = \{\}$ とすると，$C \subseteq D$ なら節 C は節 D を包摂することがわかる。すなわち，ある節 C が他の節 D の部分集合であれば，（含まれるほうの）節 C は節 D よりも一般的な概念を表す。これらを例で示そう。

★ **例 4.17** ★

1. $p(X) \succeq p(a)$ である。なぜならば，$C = p(X)$ に代入 $\theta = \{X/a\}$ を施すと $p(a)$ となるからである。節 $p(X)$ はすべての X が性質 p を満たしていることを表し，節 $p(a)$ は a が性質 p を満たしていることを表している。

2. $(p(X) \Leftarrow q(X)) \succeq (p(Y) \Leftarrow q(Y) \land r(Y))$ である．前者は，集合 $\{X|q(X)\}$ が p を満たすことを表しており，後者は，集合 $\{Y|q(Y) \land r(Y)\}$ が p を満たすことを表している．この二つの集合を比較すると，後者のほうが制限が強いので，明らかに前者が後者を含んでいる．

3. $p(X) \succeq (p(Y) \lor q(Y))$ である．節 $p(X)$ はすべての X が（無条件で）性質 p を満たしていることを示しており，節 $(p(Y) \lor q(Y))$ は，すべての Y が性質 p あるいは q を満たしていることを示している．この場合，これらの二つの概念間に一般化階層があることを理解しにくいかもしれない．後者は，Y が性質 q を満たしていないという条件の下で，性質 p を持っていることを示しているので，性質 p に着目すると，前者のほうが広いことがわかる．

つぎに**演繹証明手続き**を定義しよう．

● **定義 4.19** （演繹証明手続き）　　Σ を節集合，C を節とする．もし C が恒真か，あるいは $\Sigma \vdash_r D$ かつ $D \succeq C$ を満たす D が存在するとき，Σ から C が**演繹**されるといい，$\Sigma \vdash_d C$ と表す．

「演繹」という言葉は，「帰納」や「発想」に対応する普通名詞として用いられることが多いが，ここでは，上に述べたように，融合手続きと包摂を組み合わせた節の導出手続きを意味するものとする．

演繹証明手続き $\vdash_d$ は，融合証明手続き $\vdash_r$ の拡張になっている．それは，第1に任意の恒真文が演繹証明手続きの結論に含まれている点，および，第2に融合証明手続きによって得られた結論から包摂される任意の述語文も結論として含まれる点である．

演繹証明手続きの完全性を示す前に，融合手続きで導出できない論理的帰結の例を示そう．

★ 例 4.18 ★　　$\Sigma = \{p(X), p(X) \Rightarrow q(X)\}$ とし，$C = q(Y) \lor r(Y)$ とする。Σ から C が論理的に導かれるが，C は融合法によって得ることはできない。ところが，Σ から $q(Y)$ が融合法により得られ，さらに，$q(Y)$ は $q(Y) \lor r(Y)$ を包摂する。ゆえに，Σ から $C = q(Y) \lor r(Y)$ が演繹される。

演繹証明手続きの完全性の詳細な証明は煩雑なので，本書では取り上げない。詳しくは，文献15) を参照のこと。ここでは，証明の概略を与える。この証明は，2通りの方法がある。一つは，その完全性を融合証明手続きの反駁完全性の証明のような，ほかの有力な定理を利用しないで示す方法である。第2の方法は，融合証明手続きの反駁完全性の結果を用いる方法である。後者のほうが証明は楽である。逆に，演繹証明手続きの完全性を証明すれば，そこから融合証明手続きの反駁完全性が容易に示される。

ここでは，融合証明手続きの反駁完全性から演繹証明手続きの完全性を示すことにする。

◎ 定理 4.5　　Σ を節集合，C を節とする。$\Sigma \models C$ が成り立つとき，かつ，そのときに限り，$\Sigma \vdash_d C$ が成り立つ。

定理 4.5 の証明のミソは，Σ から C が成り立つことの反駁証明を融合証明手続きによって与え，その証明から演繹証明手続きによる証明を作る点である。それを上で与えた例によって示す。この例で，$\Sigma = \{p(X), p(X) \Rightarrow q(X)\}$ から $C = q(Y) \lor r(Y)$ が論理的に導かれることを融合証明手続きで示すためには，初めに帰結 $C = q(Y) \lor r(Y)$ の否定を求めなければならない。a をスコーレム定数とし，代入 $\theta = \{X/a\}$ とすると，節集合 $\neg C\theta$ は $\{\neg q(a), \neg r(a)\}$ と等しい。そのとき，反駁証明は，$\Sigma \cup \{\neg q(a), \neg r(a)\}$ から矛盾 $\bot$ を導く問題となる。この証明は，図 4.2 によって与えられる。

この証明木で，$\neg C\theta$ の要素をこの木の葉から取り除き，証明木を作り直す。そうすると，それらのリテラルによって消去されるはずであった相手の節中の

¬p(X) ∨ q(X)　p(X)
　　　　╲　╱
　　　　q(X)　　¬q(a)
　　　　　╲　　╱
　　　　　　⊥

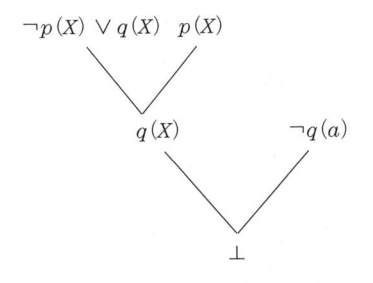

図 4.2　証明木

相補リテラルが矛盾 ⊥ のところまで消去されずに残される．そして，そのようにして得られた節 $D = q(X)$ は，C を包摂する．作り直した証明木を図 **4.3** に示す．

¬p(X) ∨ q(X)　　p(X)
　　　╲　　╱
　　　　q(X)
　　　　　⊆
　　　　　↓
　　　$C = q(Y) \lor r(Y)$

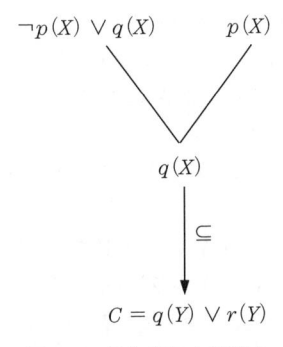

図 4.3　作り直した証明木

　要約すれば，この方法は，反駁証明に現れた $\neg C\theta$ 中の要素すべてからなる節を導くような融合証明を，反駁証明を多少手直しすることによって構築し，そこに現れなかった残りの要素については包摂演算に任せる，というものである．この考えに基づく形式的な証明はここでは行わない．詳細については，文献15)を参照のこと．

演習問題

【1】 「X は恒星である」,「Y_1 は Y_2 の惑星である」,「Z_1 は Z_2 の衛星である」,「V_1 は V_2 の周りを回る」を表す述語記号を,それぞれ f, p, s, r とする。このとき,以下の文を述語文で表現しなさい。
  (1) 太陽 (sun) は恒星である。
  (2) 地球 (earth) は太陽の惑星である。
  (3) 月 (moon) は地球の衛星である。
  (4) 月は地球の周りを回る。
  (5) もし X が Y の衛星であれば,X は Y の周りを回る。
  (6) 惑星は恒星の周りを回る。

【2】 アーベル群は 2 項演算子 $+$ を持つ集合 **A** で,いくつかの特徴を備えている。$p(X,Y,Z)$ および $e(X,Y)$ を,それぞれ $X+Y=Z$, $X=Y$ を表すものとする。世界をアーベル群の集合 **A** に限定したとき,アーベル群の以下の公理を述語文で表現しなさい。
  (1) **A** のすべての要素 X, Y に対して,$X+Y=Z$ を満たす **A** の要素 Z が存在する。
  (2) もし $X+Y=Z$ かつ $X+Y=Z$ なら,$Z=W$ が成り立つ。(一意性)
  (3) $(X+Y)+Z=X+(Y+Z)$ (結合則)
  (4) **A** のすべての要素 X に対して,$X+Y=X$ を満たす **A** のある要素 Y が存在する。(単位元)
  (5) $X+Y=Y+X$ (交換則)

【3】 (0 を含む) 自然数を $0, s(0), s(s(0)), \ldots$ で表したとき,以下の述語文を定義しなさい。
  (1) 「X が自然数である」を表す述語文 $nat(X)$。
  (2) 「X が偶数である」を表す述語文 $even(X)$。
  (3) 「X が 3 で割れる」を表す述語文 $mult3(X)$。

【4】 上の問題で,「X が 6 で割れる」を表す述語文 $mult6(X)$ を $even$ と $mult3$ を用いて定義しなさい。

【5】 全称限量文 $\forall X P(X) \land Q(X)$ の領域 D が与えられているものとする。そのとき,この述語文を D のすべての要素 $\{d_1, d_2, \ldots\}$ に対する連言に展開することによって,この文が $\forall X P(X) \land \forall Y Q(Y)$ と同値であることを示せ。

【6】 X が Y を愛することを $love(X,Y)$ で表すとき,以下の各文を述語文で表し

なさい．
(1) 聖フランシス ($st\_Francis$) は，だれかを愛する人みんなから愛される．
(2) だれも愛さない人はいない．

【7】 以下の述語文を冠頭標準形に変換しなさい．
(1) $\forall X(\exists Y(love(X,Y)) \Rightarrow love(X, st\_Francis)$
(2) $\neg\exists Z(\neg\exists U love(Z,U))$
(3) $\forall X(\exists Y(love(X,Y)) \Rightarrow love(X, st\_Francis) \land (\neg\exists X \neg(\exists Y love(X,Y)))$

【8】【7】で得られた各冠頭標準形をスコーレム標準形に変換しなさい．また，最後のスコーレム標準形を節集合に変換しなさい．

【9】【8】で得られた節集合 **G** から，$\forall X love(X, st\_Francis)$ を反駁法によって証明するために，$\forall X love(X, st\_Francis)$ の否定を **G** に付け加えて節集合を作りなさい．また，その反駁証明を行いなさい．

【10】【1】の述語文【1】(5) に対して，太陽系のすべての惑星と，木星の四つのガリレオ衛星 io, eurpoa, ganymede, callisto も含めて，エルブラン領域，エルブラン基底，エルブラン解釈，エルブランモデルを与えなさい．

5 ゲンツェンの自然演繹法

ゲンツェン (Gentzen) の**自然演繹**(natural deduction) は，その名のとおり，実際の数学に近い自然な形の形式的証明体系である。5.1 節でゲンツェンの自然演繹を料理との類推等を用いてやさしく導入し，5.2 節で証明図と推論図を正確に定義し，5.3 節でゲンツェンの自然演繹で正規形定理が成り立つことを証明し，その定理のいくつかの応用を述べる。

5.1 自 然 演 繹 法

5.1.1 自然演繹の概要

自然演繹による証明が存在すればそれをスリム化して「回り道」の一切ない証明に変形できる。これが正規形定理である。自然演繹には大きく分けて，古典論理版 **NK** と直観主義論理版 **NJ** の二つがあるが，NK と NJ のどちらでも正規形定理が成り立つ。本章では「回り道」として現われる論理式の複雑さに関する帰納法に基づき正規形定理を証明する。その後，自然演繹の**無矛盾性**の性質および直観主義論理が持つ構成的な性質のいくつかを正規形定理の応用として導く。これらの性質はいずれもよく知られた事実であり，手短かに述べる。

正規形定理の証明には，**証明図**の概念と**推論規則**の定義が基本的である。証明図は木のような形をした平面図形であり，推論規則は証明図の合成規則である。さらに「回り道」を解消するための証明図**簡約規則**が必要となる。

さらに，代入操作の定義や変数の束縛条件など，証明論特有の操作や制約をきちんと述べる必要がある。このように自然演繹法は，自然であるという利点

を持つ反面，規則の正確な定義がわずらわしいところがある．わずらわしいとはいっても先を急がずに一つ一つていねいに応対すれば難しくはない．

　本章の自然演繹の解説については，文献17)〜23) を参考にした．本章で紹介する正規形定理よりも強い形の定理，すなわち，正規形が存在してしかも唯一であるという事実が強正規形定理として知られている．林[22]は，この強正規形定理の証明にも使える方法を用いて正規形定理を証明している．しかし，その証明は長いので，本章では論理式の複雑さに関する帰納法を用いて簡単に証明する．角田[19]はフィッチ (Fitch) 流と呼ばれる自然演繹体系を用いている．フィッチ流とは，大ざっぱにいえば自然演繹のゲンツェン流の証明図を右まわりに 90 度回転したものである．つまり論理式を上から下へ並べたものであり，論理式を文と思えば横書きの通常の数学書のスタイルにより近い形で証明の木構造を表している．特に，束縛変数や自由変数の扱いが，例えばプログラミング言語 C の変数宣言や変数参照と自然な類推がつくなどの実践的な特徴がある．しかし，実質は本章の自然演繹と同じものである．

5.1.2　自然演繹のすすめ

　自然演繹法では正規形定理が成り立つ．後ほど詳しく説明するが，正規形定理とはどんな証明も必ず無駄のない証明に変形できることを主張する定理である．正規形定理が成り立つということだけでも自然演繹の意義はゆるぎない．しかし，自然演繹の意義はそれだけではない．

　学生に証明を含む課題を与えると，「解けたが証明の書き方がわからない」という声が返ってくることが少なくない．確かに証明の書き方を教える科目はない．わざわざ科目として扱わなくとも数学の定理の証明を読んでいるうちに自然に身に付くものと考えられているからであろう．しかし，実際の数学書の証明はわかりやすさや数学らしいアイデアを伝える工夫に忙しいためか，省略が多く '証明の文法' に沿っていないことが珍しくない．したがって，数学書を読むだけでは証明の文法が身に付かず，証明の書き方がわからない，ということであろう．

自然演繹は実際の数学の証明の書き方に忠実な証明の模型である．自然演繹の練習問題を解いているうちに，一通りの証明のパターンに触れることができる．なによりも，推論規則が明確なので実際にどう書けばよいのか指針がたつ．もちろん，自然演繹を忠実に実行すると証明が長くなるので実用的ではない．しかし，たとえ長くなろうとも確実に証明を書ける方法を知ることは大きい．労をいとわなければ確実に書ける証明さえも思い浮ばない状態とは質的にレベルが違うだろう．しかも，自然演繹の証明問題にはパズル・ゲーム的な楽しさもあり，学習教材としての魅力も備えている．このように，自然演繹は理論体系として意義があるばかりでなく，演繹の訓練の教材としても優れた特徴を持っている．

自然演繹の勉強法としてやさしい定理の証明を自力で見つける訓練を勧めたい．できるだけやさしい定理から始めるのがコツである．以下で「演習とする」としたところは，紙と鉛筆を用意して，面倒がらずに実行していただきたい．その効果として，自然演繹法のわずらわしい準備の部分が自然に身に付いているだろう．準備部分がわかってしまえば，本書で述べる正規形定理の証明とその応用は明晰判明に理解できる．自然演繹法は形式的には簡単な規則の集まりにすぎない．しかも，よくできた記号ゲームであり，「自然」な演繹の訓練教材である．単に読み流すだけではもったいない．

5.1.3 証明と推論規則

二つの命題〈雨が降る〉〈ならば〉〈運動会が中止〉と〈運動会が中止〉〈ならば〉〈授業がある〉が仮定として与えられたとする．この二つの仮定から〈雨が降る〉〈ならば〉〈授業がある〉と結論してよい．つまり，一方の仮定の右側が他方の左側と一致するならば，前者の左側と後者の右側を〈ならば〉で結合した命題を導出してよい．

この例が示すように，導出の操作は二つの文を機械的に操作して新しい文を作り出しているだけである．しかも，この操作は〈雨が降る〉，〈運動会が中止〉，〈授業がある〉の三つの原子文には依存しない．任意の文であってよい．

5.1 自然演繹法

こうして機械的操作で作られた結論は，仮定の文が成り立っている限り成り立っている。

この推論を規則としてつぎのように書いてみる。

$$\frac{\alpha \langle ならば \rangle \beta \quad \beta \langle ならば \rangle \gamma}{\alpha \langle ならば \rangle \gamma}$$

この規則中 $\alpha = \langle$雨が降る$\rangle$, $\beta = \langle$運動会が中止$\rangle$, $\gamma = \langle$授業がある$\rangle$ とおけば上例の場合となっている。このような文の操作を述べたものが推論規則である。接続詞〈ならば〉を記号 $\Rightarrow$ で表してさらに規則らしくしてみよう。

$$\frac{\alpha \Rightarrow \beta \quad \beta \Rightarrow \gamma}{\alpha \Rightarrow \gamma}$$

これが，〈ならば〉という接続詞に関する一つの推論規則である。この規則は実際にはもっと基本的な推論規則から導ける派生規則である。

さて，〈雨が降る〉などの原子文や，〈雨が降る〉〈ならば〉〈運動会が中止〉などの複合文を一般に論理式と呼んだ。証明とは一般に，**仮定**(assumptions)した論理式から**結論**の論理式を**導き**だす**手続き**あるいはその過程のことであった。もちろん，手続きは**推論規則**(inference rules) にしたがって遂行されなくてはならない。つまり，証明するという行為は，与えられた仮定から推論規則だけを使って結論を作り出す記号ゲームである。自然演繹の証明の正確な定義には後述のように少し準備が必要であるが，このような記号ゲームの一種であることにはかわりない。

証明という記号ゲームでは，ゲームのルールとしての推論規則が最も重要である。そこで料理のアナロジーを用いて自然演繹の推論規則を一つ一つ説明してみよう。ただし，アナロジーによる説明には限界がある。軽い導入として読み流していただきたい。むしろ推論規則を一つ一つじっくり眺めつつも，その規則に無理に意味付けしたりせずに，その形式の美しさを感じ取り，丸ごと受け入れるという姿勢もよいだろう。形式は力なりである。

与えられた生卵・フライパン・ガスコンロ・ハムを使ってハムエッグを作る

具体的方法がレシピに書かれているとする。この場合は，生卵・フライパン・ガスコンロ・ハムが仮定であり，ハムエッグが結論の定理であり，そしてレシピが証明である。手の込んだ料理の場合は，仮定としてほかのレシピが含まれることもある。例えば，カレーの材料・米，さらに，カレーのレシピ，およびごはんのレシピが仮定として与えられているとする。その二つのレシピを「結合」してカレーライスを作ることができるだろう。ここまではごく普通の常識である。要するに，仮定の論理式は食材，結論の論理式は皿に盛られた料理，証明は料理のレシピである。器具だけでなく，レシピをも資源として含めるのがこのたとえの鍵である。

都市ガスは有料であるが，都市ガスを燃やすために必要な空気は無料である。空気のようにいつでも無料で使える資源が公理である。公理だけ，つまり有料の資源を使わずに無料の食材だけを使って作れる料理が定理である。つまり，仮定にも依存せずに成り立つ命題のことである。もちろん，料理のたとえ話は万能ではない。実際の数学の定理は美しく有用なものであるが，空気だけで作れる料理においしいものがあるとは思えない。したがって，論理を料理にたとえてもいろいろほころびが出る。しかし，万能ではないことを承知の上で料理とのたとえをもう少し続けよう。

5.1.4　導入規則と除去規則の意味

自然演繹体系を記号で **NK** と書く。NK の重要な部分体系として **NJ** があるが，NJ は NK から後述のように二重否定律を除いたものである。逆にいえば NK は NJ に二重否定律を加えたものである。つまり形式的には NK と NJ の差は二重否定律のみである。

一般に **推論規則** とは，**証明図**(proof figure) の構成手続きを与える規則である。証明図とは，これらの規則によって組み立てられる図形のことである。つまり，推論規則の定義と証明図の定義とは実質は同じことである。NK の推論規則は ∧ や ∀ などの論理語が証明図の構成にどうかかわるかを規定している。NK の '論理語' はつぎの七つである。

5.1 自然演繹法

⇒　∧　∨　¬　∀　∃　⊥

最初の四つの論理語 ⇒　∧　∨　¬ の働きを料理のたとえを使って説明する。混乱を避けるため，NK の原子文や論理語を日本語と区別するために 〈 〉で囲む。

原子文〈生卵〉は，〈生卵〉があってそれが使える状態を意味している。あるいはもっと強く，〈生卵〉を作り出す方法があることと解釈してもよい。ほかの〈フライパン〉などについても同様である。以下では命題を状態とする解釈で説明するが，命題はその状態を実現する手続きの集合とする強い解釈のほうが一貫性はある。

連言文〈生卵〉∧〈フライパン〉は，〈生卵〉があり，かつ，〈フライパン〉があることを意味する。どちらでも利用できる状態である。両方使うこともできる。選言文〈生卵〉∨〈フライパン〉は，〈生卵〉があるかあるいは〈フライパン〉があることを表している。どちらが利用できるのかはわからないが，少なくともどちらかは利用できる状態である。含意命題〈生卵〉⇒〈目玉焼き〉は，〈生卵〉から〈目玉焼き〉を作るレシピがあることと解釈する。これはちょっとわかりにくいかもしれない。レシピも料理の資源，つまり広い意味で食材と考える。否定命題 ¬〈フライパン〉は，〈フライパン〉がないことを意味している。より正確には，すぐ後で述べるように，〈フライパン〉から〈矛盾〉を作るレシピがあることと解釈する。

以上の解釈のもとに推論規則を説明する。形式的な定義は後述する。命題〈生卵〉∧〈フライパン〉が成り立つならば，すなわち生卵とフライパンのどちらも同時に使える状態ならば〈生卵〉が成り立つ。つまり，生卵が使えると結論してよい。これが，∧ の左除去規則の意味である。∧ の右除去規則も同様である。接続詞 ∧ が結論に含まれていない。つまり，除去されているのでこの名がある。ここで，左と右を区別するのは，$\alpha \wedge \alpha$ の場合のように，どちら側の論理式を除去して α を得たのかを明示するための補助情報である。省略しても支障はない。

$$\frac{\langle 生卵 \rangle \wedge \langle フライパン \rangle}{\langle 生卵 \rangle} \qquad \frac{\langle 生卵 \rangle \wedge \langle フライパン \rangle}{\langle フライパン \rangle}$$

生卵がある状態〈生卵〉とフライパンがある状態〈フライパン〉のどちらも使える一つの状態にまとめることができる。まとめた状態を〈生卵〉∧〈フライパン〉と書く。この規則を∧導入規則という。結論の命題に記号∧が導入されているからである。

$$\frac{\langle 生卵 \rangle \quad \langle フライパン \rangle}{\langle 生卵 \rangle \wedge \langle フライパン \rangle}$$

〈生卵〉⇒〈目玉焼き〉が成り立ち,かつ〈生卵〉が成り立つとき,〈目玉焼き〉を導出してよい。生卵を使って目玉焼きを作るレシピがあり,かつ,生卵があるならば,レシピにしたがって目玉焼きを作れるからである。この規則を⇒除去規則という。記号⇒が消えて結論に現れていないことからこの名がある。

$$\frac{\langle 生卵 \rangle \Rightarrow \langle 目玉焼き \rangle \quad \langle 生卵 \rangle}{\langle 目玉焼き \rangle}$$

〈生卵〉が食材として使える状況であると仮定しよう。さらに,それを使ってあれこれ試行錯誤して,その結果〈目玉焼き〉が実際に作れたとしよう。その過程をレシピとしてまとめた状態を〈生卵〉⇒〈目玉焼き〉と書く。ここでNK固有の大切なことがある。レシピが作れたからには,仮定としての食材〈生卵〉はもはや必要ない。つまり,お役ごめんと〈生卵〉は捨てる (discharge)。これが⇒導入規則である。〈目玉焼き〉は〈生卵〉から作られたのであるが,その操作が抽象化されたレシピとしての〈生卵〉⇒〈目玉焼き〉は,もはや〈生卵〉には依存しない。

$$\frac{\begin{array}{c}[\langle 生卵 \rangle]_i \\ \vdots \\ \langle 目玉焼き \rangle\end{array}}{\langle 生卵 \rangle \Rightarrow \langle 目玉焼き \rangle}i$$

5.1 自然演繹法

ここで，破線は途中の過程を省略していることを表す．記号 $[\langle 生卵 \rangle]_i$ の括弧 $[\ ]$ は仮定を表す．i は仮定 $\langle 生卵 \rangle$ に付けられたラベルである．横線の右の番号 i は，ラベル i を持つ仮定 $\langle 生卵 \rangle$ がここで落ちることを示す．正式な説明は後述．⇒ 導入規則はわかりにくいと思うが，やさしい証明をいくつかやってみるとすぐに慣れる．習うより慣れよ！ である．含意 ⇒ は論理の重要かつ難所であるが，日常言語の意味にあまりとらわれずに，最初はゲームとして割り切って付き合うことをお勧めする．

∨ 除去規則は場合分けの規則である．$\langle りんご \rangle \Rightarrow \langle ジュース \rangle$ および $\langle みかん \rangle \Rightarrow \langle ジュース \rangle$ が成り立っているとする．つまり，$\langle りんご \rangle$ から $\langle ジュース \rangle$ を作るレシピと $\langle みかん \rangle$ から $\langle ジュース \rangle$ を作るレシピと両方のレシピを持っているとする．さらに $\langle りんご \rangle \vee \langle みかん \rangle$ が成り立っているとする．二つのレシピがあり，かつ，$\langle りんご \rangle$ または $\langle みかん \rangle$ がある状態である．これらの前提があればそのとき $\langle ジュース \rangle$ が作れる．なぜならば，$\langle りんご \rangle$ から $\langle ジュース \rangle$ を作るレシピがあり，かつ，$\langle みかん \rangle$ から $\langle ジュース \rangle$ を作るレシピがあるので，$\langle りんご \rangle$ と $\langle みかん \rangle$ のどちらがあってもそれに応じて $\langle レシピ \rangle$ を適用すれば $\langle ジュース \rangle$ が作れるからである．証明が終われば場合分けの二つの仮定 $\langle りんご \rangle$ と $\langle みかん \rangle$ を消す．

$$\frac{\langle りんご \rangle \vee \langle みかん \rangle \quad \begin{array}{c} [\langle りんご \rangle]_i \\ \vdots \\ \langle ジュース \rangle \end{array} \quad \begin{array}{c} [\langle みかん \rangle]_j \\ \vdots \\ \langle ジュース \rangle \end{array}}{\langle ジュース \rangle} i, j$$

$\langle りんご \rangle$ があれば $\langle りんご \rangle \vee \langle みかん \rangle$ を導出してよい．この規則が ∨ 左導入規則である．同様に $\langle みかん \rangle$ があれば $\langle りんご \rangle \vee \langle みかん \rangle$ を導出してよい．この規則が ∨ 右導入規則である．意味は明らかだろう．

$$\frac{\langle りんご \rangle}{\langle りんご \rangle \vee \langle みかん \rangle} \qquad \frac{\langle みかん \rangle}{\langle りんご \rangle \vee \langle みかん \rangle}$$

最後に否定 (¬) であるが，これには適当な類推が特に難しい．まず，否定の説明には矛盾概念が必要になる．矛盾は記号で ⊥ と書く．矛盾を打ち出の小槌

5. ゲンツェンの自然演繹法

にたとえてみよう。矛盾とはなんでも作れる仮想的な〈打ち出の小槌〉のことだとしてみよう。つまり，なんでも作れる魔法のレシピである。

$$\frac{\langle 打ち出の小槌 \rangle}{\langle なんでも \rangle}$$

ここで，〈なんでも〉は文字どおり任意の料理メニューを表す。すると¬〈オーブン〉の意味は〈オーブン〉から〈打ち出の小槌〉を作るレシピを表していると解釈される。この解釈にしたがえば，〈オーブン〉を使って〈打ち出の小槌〉を作るレシピが書けるならレシピ¬〈オーブン〉が作れる。これが¬導入規則である。このとき〈オーブン〉は落とされる。その理由は上の⇒導入規則とまったく同じである。なぜならば，¬〈オーブン〉を〈オーブン〉⇒〈打ち出の小槌〉と定義したからである。〈オーブン〉から〈打ち出の小槌〉，つまり矛盾が作れてしまうことをもってして，〈オーブン〉が存在しないことの確認とする。これが¬導入規則の意味である。つまり，命題を否定するということはその命題から矛盾を導き出してみせるということである。

$$[\langle オーブン \rangle]_i$$
$$\vdots$$
$$\frac{\langle 打ち出の小槌 \rangle}{¬\langle オーブン \rangle}i$$

仮定〈オーブン〉は落ちる。

残るは¬除去規則のみである。〈オーブン〉と¬〈オーブン〉がともにあるとする。後者は〈オーブン〉から〈打ち出の小槌〉を作るレシピであったから，このレシピにしたがって〈オーブン〉から〈打ち出の小槌〉が作れてしまう。つまり矛盾が出た。〈オーブン〉と¬〈オーブン〉から〈打ち出の小槌〉を作り出せるというこの規則を¬除去規則という。〈オーブン〉と¬〈オーブン〉から矛盾を導く規則である。否定記号¬が前提にあって結論にはない，すなわち除去されているのでこの名がある。

$$\frac{\langle オーブン \rangle \quad ¬\langle オーブン \rangle}{\langle 打ち出の小槌 \rangle}$$

直観主義論理の意味論　　上述の料理との類推による説明は直観主義論理の論理式の解釈[16]を参考にした。それによれば，命題は状態を表し，状態はその状態を実現する具体的手段（レシピ）の集りであるとして，構成的に解釈される。さらに，論理結合子は，命題を入力として命題を出力する合成手続きとして解釈される。例えば，⟨フライパン⟩∧⟨生卵⟩は，フライパンを作る手段と生卵を作る手段との順序対の集りとして解釈される。つまり，連言文演算∧は集合の直積演算となる。ほかの結合子の意味も同様に明快であるが，詳しい説明は省略しなければならない。

5.1.5 証明の構成法

論理式の証明を見つけるには，結論から仮定へと逆にたどる探索がわかりやすくかつ有効である。つぎのように進む。まず，与えられた論理式を結論とする推論規則を探す。つぎにその推論規則の横線の上，すなわち前提の論理式を並べる。つぎに副目標としてこれらの論理式の一つ一つを証明する。つまり再帰的に繰り返す。素直な方針であるが，本章に現れる定理の証明はこの方針だけで十分である。この方針を，例えば，$\alpha \Rightarrow (\beta \Rightarrow \gamma)$ のパターンの論理式に適用してみよう。ここで，α, β, γ は一般の論理式である。まず，α と β の二つを仮定とおく。つぎにそれを使って γ を導く証明図を構成できないかを試す。それが成功したならば，あとは，仮定 β と α を順に落とせば証明図は完成である。一般に，$\alpha_1 \Rightarrow \alpha_2 \Rightarrow \cdots \Rightarrow \alpha_n \Rightarrow \gamma$ の形の論理式の証明は，$\alpha_1, \alpha_2, \cdots, \alpha_n$ を仮定とおいてそれらから γ を導く証明図を作り，その後 $\alpha_n, \cdots, \alpha_2, \alpha_1$ の順に仮定を落とせばよい。本章にある含意形の論理式の証明例はすべてこの方針で見つかる。

例えば，三段論法式 $(\xi \Rightarrow \eta) \Rightarrow (\eta \Rightarrow \zeta) \Rightarrow (\xi \Rightarrow \eta)$ をこの方針に従って証明してみよう。上の説明の記号でいえば，$n = 4$ の場合であり，$\alpha_1 = (\xi \Rightarrow \eta)$，$\alpha_2 = (\eta \Rightarrow \zeta)$，$\alpha_3 = \xi$，$\alpha_4 = \zeta$ である。方針により，$\alpha_1, \alpha_2, \alpha_3$ を仮定とおく。すると，$\xi \Rightarrow \eta$ と ξ から $\Rightarrow$ 除去により，η を得る。得られた η と仮定 $\eta \Rightarrow \zeta$ から ζ を得る。こうして，入れ子になった含意式の最右の部分式 α_4 と

してのζが得られたので，後は使用した三つの仮定ζ, $\eta \Rightarrow \zeta$, $\xi \Rightarrow \eta$ を⇒導入規則により順に落とせば目標の論理式 $(\xi \Rightarrow \eta) \Rightarrow (\eta \Rightarrow \zeta) \Rightarrow (\xi \Rightarrow \zeta)$ を結論とする証明図が完成する。

命題論理の NK に関しては証明図の存在は決定可能である。しかし，限量子を含む一般の論理式については，NK の証明図が存在するかどうかを決定する手続きは存在しないことが証明されている。例えば，チューリング機械の停止性問題の決定不可能性に還元する方法などが知られている。

5.1.6 原始論理

論理語は含意⇒だけという論理を**原始論理**と呼ぶ。原始論理の証明図と推論規則を定義する。論理式とその証明については，前者を料理のメニューに，後者をそのレシピにたとえてすでに説明した。そのアイデアを原始論理に対して適用して記号化する。正確な定義はその他の論理語と一緒に後述する。ここでは，正確さよりも，わかりやすさを優先させる。

● **定義 5.1** （含意の推論規則）

$$\frac{\alpha \Rightarrow \beta \quad \alpha}{\beta} (\Rightarrow \mathrm{E}) \qquad \frac{\begin{array}{c}[\alpha]_i \\ \vdots \\ \beta\end{array}}{\alpha \Rightarrow \beta} i(\Rightarrow \mathrm{I})$$

左の規則は⇒**除去規則**と呼ばれ，記号で⇒E と略記される。論理式 $\alpha \Rightarrow \beta$ をこの規則の**主論理式**という。$\alpha \Rightarrow \beta$ と α とから β を導く規則を表している。Modus Ponens とも呼ばれ，古来最も知られた推論規則である。

★ **例 5.1** ★　　（⇒E）　〈雨が降る〉⇒〈地面が濡れる〉が成り立ち，かつ，〈雨が降る〉が成り立つ。ゆえに命題〈地面が濡れる〉が成り立つ。

一方，導入推論規則⇒I は，論理式 α を仮定して β が導けたとき，$\alpha \Rightarrow \beta$

が成り立つと結論する。言い換えると仮定 α を使って β を実際に導けたという記しが $\alpha \Rightarrow \beta$ である。β は α を仮定して導けたので β は α に依存している。しかし，含意式 $\alpha \Rightarrow \beta$ はもはや α には依存していない。仮定 α は落ちている。この**仮定が落ちる**（discharge される）という概念が NK 独特である。

この含意の導入・除去規則を用いてつぎの命題を証明してみよう。(〈雨が降る〉〈ならば〉〈運動会が中止〉)〈ならば〉(((〈運動会が中止〉〈ならば〉〈授業がある〉))〈ならば〉((〈雨が降る〉〈ならば〉〈授業がある〉)))。証明はつぎのとおり。

1. 〈雨が降る〉　　（仮定 1）
2. 〈雨が降る〉⇒〈運動会が中止〉　　（仮定 2）
3. 〈運動会が中止〉⇒〈授業がある〉　　（仮定 3）
4. 〈運動会が中止〉　　（1 と 2 に ⇒ E 規則を適用）
5. 〈授業がある〉　　（4 と 3 に ⇒ E 規則を適用）
6. 〈雨が降る〉⇒〈授業がある〉　　（1 と 5 に ⇒ I 規則を適用; 仮定 1 を除去）
7. (〈運動会が中止〉⇒〈授業がある〉)⇒(〈雨が降る〉⇒〈授業がある〉)　　(3 と 6 に ⇒ I 規則を適用; 仮定 3 を除去)
8. (〈雨が降る〉⇒〈運動会が中止〉)⇒((〈運動会が中止〉⇒〈授業がある〉)⇒(〈雨が降る〉⇒〈授業がある〉))　　(2 と 7 に ⇒ I 規則を適用; 仮定 2 を除去)

三つの仮定はすべて落ちている。もっと見やすくするために，$\alpha = $〈雨が降る〉，$\beta = $〈運動会が中止〉，$\gamma = $〈授業がある〉，$\Rightarrow = $〈ならば〉とおこう。すると証明すべき命題は $(\alpha \Rightarrow \beta) \Rightarrow ((\beta \Rightarrow \gamma) \Rightarrow (\alpha \Rightarrow \gamma))$ となり，上の証明を書き換えるとつぎのとおりである。

1. α　　（仮定 1）
2. $\alpha \Rightarrow \beta$　　（仮定 2）
3. $\beta \Rightarrow \gamma$　　（仮定 3）
4. β　　（1 と 2 に ⇒ E を適用）

5. γ (4 と 3 に $\Rightarrow$ E を適用)

6. $\alpha \Rightarrow \gamma$ (1 と 5 に $\Rightarrow$ I を適用, 仮定 1 を除去)

7. $(\beta \Rightarrow \gamma) \Rightarrow (\alpha \Rightarrow \gamma)$ (3 と 6 に $\Rightarrow$ I を適用, 仮定 3 除去)

8. $(\alpha \Rightarrow \beta) \Rightarrow ((\beta \Rightarrow \gamma) \Rightarrow (\alpha \Rightarrow \gamma))$ (2 と 7 に $\Rightarrow$ I 規則を適用, 仮定 2 除去)

証明図はつぎのとおりである。

$$\cfrac{\cfrac{\cfrac{\cfrac{[\alpha]_1 \quad [\alpha \Rightarrow \beta]_2}{\beta}(\Rightarrow \mathrm{E}) \quad [\beta \Rightarrow \gamma]_3}{\gamma}(\Rightarrow \mathrm{E})}{\alpha \Rightarrow \gamma}1(\Rightarrow \mathrm{I})}{\cfrac{(\beta \Rightarrow \gamma) \Rightarrow (\alpha \Rightarrow \gamma)}{(\alpha \Rightarrow \beta) \Rightarrow ((\beta \Rightarrow \gamma) \Rightarrow (\alpha \Rightarrow \gamma))}2(\Rightarrow \mathrm{I})}3(\Rightarrow \mathrm{I})$$

証明された論理式 $(\alpha \Rightarrow \beta) \Rightarrow ((\beta \Rightarrow \gamma) \Rightarrow (\alpha \Rightarrow \gamma))$ は，トートロジーである．実際，α，β，γ にどのような真偽値を割り当てようとも，全体の式の値が真となることが，真理表を使ってすぐ確かめられる．

5.1.7　論理積の推論規則

● **定義 5.2**　(論理積の推論規則)

$$\cfrac{\alpha \wedge \beta}{\alpha}(\wedge^r \mathrm{E}) \qquad \cfrac{\alpha \wedge \beta}{\beta}(\wedge^l \mathrm{E}) \qquad \cfrac{\alpha \quad \beta}{\alpha \wedge \beta}(\wedge \mathrm{I})$$

$\wedge$ 除去規則の $\alpha \wedge \beta$ をこの規則の主論理式という．$\alpha \wedge \beta$ の証明とはそもそも α の証明と β の証明の順序対であったから，α の証明を示すにはその順序対の左の要素を取り出せばよい．一方の $\wedge$I 規則は，$\alpha \wedge \beta$ を証明するためには α と β がそれぞれ証明できればよいという規則である．まさに記号 $\wedge$ を導入するための規則と実感できる規則である．なお，$\wedge^r \mathrm{E}$ と $\wedge^l \mathrm{E}$ の l と r は右側を取り出すのか左側を取り出すのかを明示したい場合に付ける．

★ 例 5.2 ★　　(∧E)　　〈雨が降り〉∧〈風がふく〉。ゆえに〈雨が降る〉。

★ 例 5.3 ★　　(∧I)　　〈雨が降る〉かつ〈風がふく〉。ゆえに〈雨が降る〉∧〈風がふく〉。

まだ二つの論理記号 ⇒ と ∧ についての推論規則しか説明していないが，これより先に進むためには**仮定**という用語をきちんと定義しなければならない。

5.2　証明図と推論規則

5.2.1　仮　　　定

i をラベル，α を論理式とする。式 $i:\alpha$ を**ラベル付き論理式**という。$[\alpha]_i$ とも書く。

$$i:\alpha = [\alpha]_i$$

ラベルは区別がつくものであればなんでもよい。ここではラベルとして自然数を採用する。二つの仮定が等しい，つまり

$$i:\alpha = j:\beta$$

とは，$i=j$ かつ $\alpha=\beta$ のこととする。$i \neq j$ あるいは $\alpha=\beta$ のとき，$i:\alpha$ と $j:\beta$ は**整合的**という。ラベル付き論理式からなる集合 Γ は，その任意の二つの要素が整合的であるとき**整合的**であるという。

★ 例 5.4 ★　　α と β を相異なる論理式とする。ラベル付きの論理式 $3:\alpha$ と $4:\beta$ は整合的である。$3:\alpha$ と $4:\alpha$ も整合的である。一方，$3:\alpha$ と $3:\beta$ は整合的ではない。

★ 例 5.5 ★　　$\alpha \neq \beta$ として，$\{1:\alpha, 2:\alpha, 3:\beta\}$ は整合的である。$\{2:\alpha, 2:\beta, 3:\alpha\}$ は整合的でない。

ラベル付き論理式からなる整合的な集合を**仮定集合**と呼ぶ。ここで $i:\alpha$ を仮定集合 S に付け加えても整合的であるようなラベル i が存在するとき，α は S に**追加可能**という。

5.2.2 NK の推論規則と証明図

証明とは，与えられた**仮定**を使い，許された**推論規則**を適用して**結論**を得る道筋であった。つまり，証明を作るための規則が推論規則である。個々の推論規則は，規則が適用可能かどうか，どんな場合でも明確に判定できるほどに十分単純でなければならない。仮定の正確な定義が終わったので，いよいよ証明の概念を正確に定義できる。証明を可視化した 2 次元的図形を**証明図**という。証明図と証明とは厳密には異なる概念であるが，説明の便宜上，同一視する。

証明図は仮定から結論が導かれる道筋を表している。つまり，水道のパイプのようなものである。葉を水源として結論に向かって合流していく川の流れのイメージである。結論を根とし，仮定を葉とする木構造にたとえることもできる。

証明図は結論が仮定にどのように依存して導かれているかを表している。特に仮定集合が空の場合は，結論が仮定なしで——すなわち無条件に——成り立つことを意味している。このように仮定集合が空，すなわち仮定が全部落ちた証明図の結論となる論理式のことを**定理**と呼ぶ。定理とはすべての仮定を使いきって証明された論理式である。

自然演繹の証明図は，限量子による変数の束縛や仮定が落ちるという動的な現象をも扱うため，その定義は意外と複雑である。自然演繹の証明図の大事な属性は**仮定集合**である。仮定集合は空の場合もある。証明図は結論を必ず一つだけ持つ。結論がない証明図はない。また，複数の結論をもつ証明図も考えない。証明図の仮定集合は，後述のとおり，証明図の構造に関する帰納法によって定義される。

さて，証明論の対象は証明とその表現である証明図である。証明が主人公である。推論規則とはその証明図を作りあげる方法，あるいは与えられた図形が証明図であることを確認する手段にすぎない。しかし，ここまでの例でもわか

るように，そもそも証明図であるかどうかは推論規則のみによって保証された。こうしてみると，証明図を定義するときの構成手続きのことを推論規則と呼ぶのが自然であろう。以下，この立場で NK の推論規則を定義する。

証明図の推論規則の一般形は，「これこれが証明図であれば，これこれも証明図である」という形をとる。つまり，一つの推論規則は，横線を 1 本，その下に**結論**の論理式を一つ，上に**前提**の証明図をいくつか並べた図形と，その図形内の要素が満たすべき制約条件の二つからなる。簡単にいえば，推論規則とは証明図の再帰的定義法に現れる定義規則のことである。

証明図に現れる横線の右端には，この規則で**落ちる**仮定の番号がすべて書かれる。落ちる仮定がなければ書かない。わかりやすさのための補助情報として規則の名称が書かれる。

$$\frac{\boxed{証明図 1} \quad \boxed{証明図 2} \quad \cdots \quad \boxed{証明図 n}}{結論の論理式} \text{仮定の番号リスト} + [(規則の名称)]$$

証明図はギリシャ大文字 $\Pi, \Pi', \Pi'', \Pi_1, \Pi_2, \Delta$ などで表す。証明図 Π の結論が α ならば，そのことを強調するために

$$\begin{array}{c}\Pi\\\alpha\end{array}$$

と書く。Π と α の間に横線は書かない。さらに Π^α とも書く。両者は同一の証明図を指す。

$$\Pi = \Pi^\alpha = \begin{array}{c}\Pi\\\alpha\end{array}$$

● **定義 5.3**　(自然演繹の証明図)
1. 仮定 $i : \alpha$ はそれ自身証明図である。$[\alpha]_i$ とも書く。ここで，i はラベル，α は論理式である。この証明図の仮定集合はシングルトン $\{i : \alpha\}$ であり，結論は α である。つまり，仮定は $i : \alpha$ のみであり，ラベルを除いた論理式 α が結論である。
2. Π_1^α と Π_2^β を証明図とする。Π_1^α の仮定を S_1，Π_2^β の仮定を S_2 と

する。さらに，仮定の集合 $S_1 \cup S_2$ は整合的とする。そのとき，つぎの図形 Π は証明図であり，Π の仮定は S_1 と S_2 の和集合であり，Π の結論は論理式 $\alpha \wedge \beta$ である。

$$\dfrac{\begin{array}{cc}\Pi_1 & \Pi_2 \\ \alpha & \beta\end{array}}{\alpha \wedge \beta}$$

3. $\wedge$ 除去規則による合成の定義。$\Pi^{\alpha \wedge \beta}$ が証明図なら，つぎの二つの図形はそれぞれ α と β を結論とする証明図であり，仮定集合は Π の仮定集合そのものである。

$$\dfrac{\begin{array}{c}\Pi \\ \alpha \wedge \beta\end{array}}{\alpha} \qquad \dfrac{\begin{array}{c}\Pi \\ \alpha \wedge \beta\end{array}}{\beta}$$

4. Π^β を仮定集合を S とする証明図とする。$i:\alpha$ が S に追加可能ならば，すぐ下の左の図形 Π' は結論 $\alpha \Rightarrow \beta$ の証明図であり，Π' の仮定集合は S から仮定 $i:\alpha$ を除いた集合 $S \smallsetminus \{i:\alpha\}$ である（S が $i:\alpha$ を含まなければ Π' の仮定は S のままである）。Π' は下の右の図形として書かれることもある。

$$\dfrac{\begin{array}{c}\Pi \\ \beta\end{array}}{\alpha \Rightarrow \beta}\,i(\Rightarrow \mathrm{I}) \qquad \dfrac{\begin{array}{c}[\alpha]_i \\ \vdots \\ \beta\end{array}}{\alpha \Rightarrow \beta}\,i(\Rightarrow \mathrm{I})$$

(**1**) $\alpha \wedge \beta \Rightarrow \alpha$ の証明図

$$\dfrac{\dfrac{[\alpha \wedge \beta]_1}{\alpha}(\wedge \mathrm{E})}{\alpha \wedge \beta \Rightarrow \alpha}\,1(\Rightarrow \mathrm{I})$$

(**2**) $\alpha \Rightarrow \alpha$ の証明図　　つぎは証明図であり，その結論は $\alpha \Rightarrow \alpha$ である。ゆえに $\alpha \Rightarrow \alpha$ は定理である。

$$\frac{[\alpha]_1}{\alpha \Rightarrow \alpha} 1(\Rightarrow \mathrm{I})$$

もっと詳しく見てみよう．仮定 $[\alpha]_1$ は定義により，それ自身が証明図であり，その結論は α，仮定集合は $\{[\alpha]_1\}$ であった．つまり，仮定 $[\alpha]_1$ 自身が証明図であり，$[\alpha]_1$ を仮定として α を導いている．明らかにこの証明図の仮定集合 $\{[\alpha]_1\}$ に仮定 $[\alpha]_1$ を追加することが可能である．したがって，つぎの図

$$\frac{[\alpha]_1}{\alpha \Rightarrow \alpha} 1(\Rightarrow \mathrm{I})$$

は最後に ⇒ I 規則が適用された証明図の定義条件を満たしており，しかも，仮定 $[\alpha]_1$ は落ちている．ゆえに $\alpha \Rightarrow \alpha$ は定理である．なお，⇒ I の定義によればつぎも証明図である．

$$\frac{[\alpha]_1}{\alpha \Rightarrow \alpha}$$

ただし，証明図であるが仮定 $[\alpha]_1$ は落ちずに残っている．新しいラベル 2 をつけた仮定 $[\alpha]_2$ は落ちたが，もとの仮定 $[\alpha]_1$ は残っている場合である．同様に

$$\frac{[\alpha]_1}{\beta \Rightarrow \alpha}$$

も証明図である．さらに仮定 1 を ⇒ I により落とせば，命題論理の重要な定理 $\alpha \Rightarrow (\beta \Rightarrow \alpha)$ を得る．

$$\frac{\dfrac{[\alpha]_1}{\beta \Rightarrow \alpha}}{\alpha \Rightarrow (\beta \Rightarrow \alpha)} 1(\Rightarrow \mathrm{I})$$

ここで，β は仮定集合 $\{[\alpha]_1\}$ に追加可能であることに注意する．これらの簡単な例からも証明図を正確に定義する必要性が納得できるだろう．なお，本項の定義は林[22]を参考にした．

一度に複数の仮定を落とす推論規則もあり，その場合はそれらの仮定のラベルをすべて横棒の右に並べる．さらに，推論規則の名称は前提と結論の形から

わかるので省略し，落ちた仮定のラベルだけを横棒の右に書くのが正式である。しかし，わかりにくい場合は付けてもよい。

5.2.3 論理和の推論規則

すでに含意 ⇒（ならば）と論理積 ∧（かつ）の推論規則と証明図を説明したので，つぎは論理和 $\alpha \vee \beta$ の推論規則とそれに応じて証明図の形を拡張する。

（**1**）∨導入規則　　命題 $\alpha \vee \beta$ は，直観的には，命題 α が成り立つかまたは命題 β が成り立つことを意味する。両方が同時に成り立っていてもよい。「雨が降るかまたは風が吹く」は「雨が降る」かまたは「風が吹く」ことを意味している。「雨が降り」かつ「風が吹いて」いてもよい。∨ の導入規則はつぎのとおりである。

$$\frac{\alpha}{\alpha \vee \beta} (\vee^l \mathrm{I}) \qquad \frac{\beta}{\alpha \vee \beta} (\vee^r \mathrm{I})$$

規則名についている l と r はそれぞれ左と右を意味する。左の規則は「α。ゆえに $\alpha \vee \beta$。」と読む。右の規則は「β。ゆえに $\alpha \vee \beta$。」と読む。∨導入規則による証明図合成はつぎのとおりである。Π_1^α と Π_2^β がそれぞれ証明図ならば，つぎの二つの図形はともに $\alpha \vee \beta$ の証明図であり，それらの仮定はそれぞれ Π_1^α と Π_2^β の仮定集合と一致する。

$$\frac{\begin{array}{c}\Pi_1\\\alpha\end{array}}{\alpha \vee \beta} \qquad \frac{\begin{array}{c}\Pi_2\\\beta\end{array}}{\alpha \vee \beta}$$

（**2**）∨除去規則

$$\frac{\alpha \vee \beta \quad \begin{array}{c}[\alpha]_i\\\vdots\\\gamma\end{array} \quad \begin{array}{c}[\beta]_j\\\vdots\\\gamma\end{array}}{\gamma} i,j(\vee \mathrm{E})$$

∨除去規則の $\alpha \vee \beta$ をこの規則の主論理式という。$\alpha \vee \beta$ から，**場合分け**により命題 γ を導くための推論規則である。「$\alpha \vee \beta$。α ならば γ。β ならば γ。ゆ

5.2 証明図と推論規則

えに γ。」と読む。α と β それぞれについて γ を証明しなければならないことに注意する。$\vee$ は「または」と読むが，除去規則の適用に当たっては α と β のどちらからも γ が導けることを示さなくてはならないという意味ではむしろ「かつ」に近い。

$\vee$ 除去規則による証明図合成はつぎのとおり。証明図 $\Pi_1^{\alpha \vee \beta}$, Π_2^{γ}, Π_3^{γ} の仮定集合をそれぞれ S_1, S_2, S_3 とする。i, j はほかで使われていない新しいラベルとし，さらに，$[\alpha]_i$, $[\beta]_j$ は仮定としてそれぞれ S_2 と S_3 に追加可能とする。このとき，つぎの Π は証明図であり，その仮定は $S_1 \cup S_2 \cup S_3 \setminus \{[\alpha]_i, [\beta]_j\}$ である。

$$\frac{\begin{array}{ccc}\Pi_1 & \Pi_2 & \Pi_3 \\ \alpha \vee \beta & \gamma & \gamma\end{array}}{\gamma} i, j(\vee \mathrm{E})$$

$\vee$ 除去規則では，一時的に導入した二つの仮定 α と β が落ちる。

★ **例 5.6** ★　　$\alpha = \langle$ 宝くじに当たる $\rangle$, $\beta = \langle$ 遺産を相続する $\rangle$, $\gamma = \langle$ 金持ちになる $\rangle$ とおいて，$\vee$ 除去規則を読め。

つぎの $\vee$ 除去を使った証明は正しいだろうか？ 仮定もすべて除去されており，一見証明が完成している。しかし，この証明が正しいとすると，δ は任意だったからすべての論理式が証明されることになる。間違いはどこだろう。

$$\frac{\dfrac{[\delta]_1}{\delta \vee \delta}(\vee \mathrm{I}) \quad [\delta]_1 \quad [\delta]_1}{\delta} 1(\vee \mathrm{E})$$

$\delta \vee \delta$ の仮定 $[\delta]_1$ と場合分けの仮定 $[\delta]_1$ が一致しているところが，$\vee$ の除去規則の適用条件に違反している。どこにも使われていない新しいラベルに変えなくてはいけない。しかし，そうするとどれかの仮定 $[\delta]_i$ は落ちずに残る。つまり結論の δ は定理ではなくなる。

★ **例 5.7** ★　　**分配律の証明**　　つぎの命題論理式 $(\alpha \vee \beta) \wedge (\alpha \vee \gamma) \Rightarrow$

$\alpha \vee (\beta \wedge \gamma)$ を自然演繹で証明しよう。証明図が大きいので，分けて図示する。$\alpha \vee (\beta \wedge \gamma)$ の証明図 $\Pi^{\alpha \vee (\beta \wedge \gamma)}$ はつぎのとおりである。

$$\cfrac{\cfrac{[(\alpha \vee \beta) \wedge (\alpha \vee \gamma)]_3}{\alpha \vee \beta}(\wedge^l E) \quad \cfrac{[\alpha]_1}{\alpha \vee (\beta \wedge \gamma)}(\vee I) \quad \cfrac{\cfrac{[\beta]_4 \quad [\gamma]_5}{\beta \wedge \gamma}(\wedge I)}{\alpha \vee (\beta \wedge \gamma)}(\wedge I)}{\alpha \vee (\beta \wedge \gamma)} 1,4(\vee E)$$

これを補題として四角で囲んで参照すると，目的の証明図はつぎのとおりである。

$$\cfrac{\cfrac{\cfrac{[(\alpha \vee \beta) \wedge (\alpha \vee \gamma)]_3}{\alpha \vee \gamma}(\wedge^r E) \quad \cfrac{[\alpha]_2}{\alpha \vee (\beta \wedge \gamma)}(\vee I) \quad \boxed{\Pi^{\alpha \vee (\beta \wedge \gamma)}}}{\alpha \vee (\beta \wedge \gamma)}2,5(\vee E)}{(\alpha \vee \beta) \wedge (\alpha \vee \gamma) \Rightarrow \alpha \vee (\beta \wedge \gamma)}3(\Rightarrow I)$$

逆方向 $\alpha \vee (\beta \wedge \gamma) \Rightarrow (\alpha \vee \beta) \wedge (\alpha \vee \gamma)$ も NJ で証明できる。α が成り立つ場合と $\beta \wedge \gamma$ が成り立つ場合に分ければよい。後件 $(\alpha \vee \beta) \wedge (\alpha \vee \gamma)$ が，いずれの場合も成り立つことも容易に示せる。

5.2.4 否定の推論規則

否定 $\neg$ (でない) を導入する。そのために**矛盾**を表す特別な記号 $\bot$ を導入する。

(1) 否定 ($\neg$) の導入規則 命題 $\neg \alpha$ は命題 α が成り立たないことを意味する。α の否定を導入するためにつねに偽である命題を表す記号 $\bot$ を用いて定義する。

$$\cfrac{\begin{array}{c}[\alpha]_i \\ \vdots \\ \bot\end{array}}{\neg \alpha}i(\neg I)$$

$\neg \alpha$ の意味は，α を仮定すると矛盾 ($\bot$) が導けることである。この規則適用で仮定 $[\alpha]_i$ が落ちる。

¬ 導入規則に対応した証明図合成はつぎのとおり。$\Pi^\perp$ が証明図であり、その仮定集合を S とし、$[\alpha]_i$ が S に追加可能とする。そのとき、つぎの証明図 Π' は証明図であり、その仮定集合は S から仮定 $[\alpha]_i$ を除去したものである。

$$\dfrac{\begin{array}{c}\Pi\\ \perp\end{array}}{\neg\alpha}\,i(\neg\text{I})$$

（2） ¬ の除去規則

$$\dfrac{\neg\alpha\quad\alpha}{\perp}\,(\neg\text{E})$$

「α が成り立つ。その否定 $\neg\alpha$ が成り立つ。ゆえに矛盾である」と読む。¬ 除去規則の $\neg\alpha$ をこの規則の主論理式という。

命題 α と $\neg\alpha$、つまり自分自身とその否定が同時に証明されたときに $\perp$ が導けるとする規則である。

★ 例 5.8 ★　〈雨が降っている〉 かつ ¬〈雨が降っている〉。ゆえに 〈矛盾〉。

¬ 除去規則による証明図合成はつぎのとおり。$\Pi_1^{\neg\alpha}$, Π_2^α をそれぞれ S_1, S_2 を仮定集合とする証明図とする。このとき、つぎの図形 Π は $\perp$ を結論とする証明図であり、その仮定集合は $S_1 \cup S_2$ である。

$$\dfrac{\begin{array}{cc}\Pi_1 & \Pi_2\\ \neg\alpha & \alpha\end{array}}{\perp}\,(\neg\text{E})$$

【例題 5.1】

つぎの論理式を NJ で証明せよ。

1. $\neg\alpha \Rightarrow (\alpha \Rightarrow \perp)$
2. $(\alpha \Rightarrow \perp) \Rightarrow \neg\alpha$ ◇

（3） 矛盾($\perp$)律　　矛盾 $\perp$ からはなんでも導けるという規則である。まさに中国の故事にある「矛」と「盾」である。矛盾概念を実質的に定義している。

$$\frac{\bot}{\alpha}(\bot)$$

$\bot$ 規則による証明図合成はつぎのとおり．$\Pi^{\bot}$ が証明図で α が論理式ならばつぎも証明図であり，仮定集合は Π のそれと一致する．

$$\frac{\begin{array}{c}\Pi\\ \bot\end{array}}{\alpha}(\bot)$$

(4) **2重否定律**　2重否定形から肯定を導く推論規則を **2重否定律** という．

「悪くないことはない」ともってまわったいい方もこの推論規則のもとでは単に「悪い」となってしまう．

$$\frac{\neg\neg\alpha}{\alpha}(\neg\neg)$$

2重否定律による証明図の合成はつぎのとおり．証明図 $\Pi^{\neg\neg\alpha}$ の仮定集合を S として，つぎは証明図であり，その仮定は S である．

$$\frac{\begin{array}{c}\Pi\\ \neg\neg\alpha\end{array}}{\alpha}(\neg\neg)$$

以上の推論規則をすべて使える体系を**古典命題論理**(NK) という．NK から 2重否定律を除いた体系を**直観主義命題論理**(NJ) という．

(5) **代 入 法 則**　Π を NK の証明図，α を Π に現れる命題変数とする．Π に現れるすべての α を閉じた論理式 β で一斉に置き換えて得られる証明図 Π' もやはり NK の証明図である．例えば，$\xi \Rightarrow (\alpha \Rightarrow \xi)$ の証明図を考えよう．

$$\frac{\dfrac{[\xi]_1}{\alpha \Rightarrow \xi}(\Rightarrow \text{I})}{\xi \Rightarrow (\alpha \Rightarrow \xi)}1(\Rightarrow \text{E})$$

この証明図で命題変数 ξ を $\beta \vee \gamma$ で書き換えて得られる図形も証明図である．

$$\frac{\dfrac{[\beta \vee \gamma]_1}{\alpha \Rightarrow (\beta \vee \gamma)} \Rightarrow \text{I}}{(\beta \vee \gamma) \Rightarrow (\alpha \Rightarrow (\beta \vee \gamma))} 1(\Rightarrow \text{E})$$

つまり，NK の定理 $\xi \Rightarrow (\alpha \Rightarrow \xi)$ の命題変数 ξ にほかの論理式 $\beta \vee \gamma$ を代入して得られる論理式もまた NK の定理である．同様に $\neg \alpha \Rightarrow (\alpha \Rightarrow \neg \alpha)$ も NK の定理である．NK の定理に出現する命題変数に閉じた論理式を代入して得られた論理式もまた NK の定理である．これを**代入法則**と呼ぶ．代入法則は変数が現れる場合にもつぎのように拡張できる．a を次数 $n > 0$ の述語記号，φ を論理式，相異なる変数 $X_1, \ldots, X_n$ を φ の自由変数のすべてとする．さらに，φ の束縛変数は証明図 Π のどこにも現れていないとする．このとき，Π に現れる原子論理式 $a(t_1, \ldots, t_n)$ をすべて論理式 $\varphi[X_1/t_1, \ldots, X_n/t_n]$ で置き換えて得られる図形 Π' は NK の証明図である．

代入法則の意味は明白であり，論理式および証明図の構造に関する帰納法を使えば代入法則の厳密な証明も難しくない．代入法則は NK だけでなく NJ でも成り立つ．

（**6**）**証明の木構造**　証明図は定義により図 **5.1** のような木構造をなしていた．つまり，証明すべき定理がルートに配置され，そこから上に向かっていくつかの部分木が枝として生えている．この入れ子構造が葉にいたるまで繰り返されている．葉にはもちろん仮定が配置されている．証明図は木構造であるので，葉からルートへ至るパスがユニークに決まる．つぎの木は五つのノードと 3 枚の葉ノード，3 本のパスを持っている．葉以外のノードにはそのノード

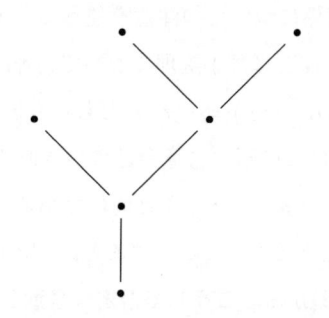

図 **5.1**　木構造

が導出された根拠である推論規則が付加されている。

このように証明図 Π を木と見なして，Π の部分木 Δ を Π の**部分証明図**という。Π は Π 自身の部分木である。Δ を部分証明図として含む証明図が Π か Δ に限るとき，Π の部分証明図 Δ を Π の**直接の部分証明図**と呼ぶ。

仮定がすべて落ちて結論が論理式 α であるような NJ の証明図が存在するとき，$\vdash_{NJ} \alpha$ と書き，α を **NJ の定理**という。同様に **NK の定理**を定義し，α が NK の定理のとき $\vdash_{NK} \alpha$ と書く。

論理結合子 $\wedge$ および $\forall$ は，NK では $\vee, \Rightarrow, \bot, \exists$ から派生する記号と見なしてよい。それを示すためには，任意の論理式 α, β, γ と変数 X についてつぎを示せばよいが，いずれも手頃な演習問題である。$\vdash_{NK} \alpha \wedge \beta \equiv \neg(\neg\alpha \vee \neg\beta)$ $\vdash_{NK} \forall X \gamma \equiv \neg(\exists X \neg \gamma)$。

5.2.5　命題論理の階層

論理記号として $\Rightarrow$ だけを持つ（したがって，推論規則としては $\Rightarrow$ 導入と $\Rightarrow$ 除去だけが使える）論理系を**原始論理**という。論理の中では最も簡単な体系である。これに論理記号 $\wedge$ と $\vee$ が導入され（したがって，$\vee E$ および $\vee I$ についての推論規則が加わる）た体系を**肯定論理**という。**否定の概念が導入されていない論理である。さらに，これに論理記号 $\neg$ が導入されると論理体系として一応整った形のものが出来上がる。これを**最小論理**という。最小論理は矛盾記号 $\bot$ が導入されているが，これが恒偽という性質を持つようになるには，さらに矛盾律 $\bot$ が導入されたときである。矛盾律を含む最小論理を**直観主義論理**という。

否定 ($\neg$) と矛盾 ($\bot$) の間の関係についての注意を述べる。矛盾 $\bot$ を右辺に持つ含意形 $\alpha \Rightarrow \bot$ と否定命題 $\neg\alpha$ とは最小論理において論理的に同値である。実際，$\neg\alpha \Rightarrow (\alpha \Rightarrow \bot)$ および $(\alpha \Rightarrow \bot) \Rightarrow \neg\alpha$ のどちらも最小論理で容易に証明できる。つまり，否定命題はこの形の含意命題に書き直すことができる。例えば，$\neg\alpha \Rightarrow \neg\beta$ は $(\alpha \Rightarrow \bot) \Rightarrow (\beta \Rightarrow \bot)$ と同値である。また，$\neg\neg\alpha$ は $(\alpha \Rightarrow \bot) \Rightarrow \bot$ と書き換えることができる。こうすると，$\neg$ 除去規則が $\Rightarrow$ 除去規則に含まれていることもすぐわかる。こうして否定は含意と矛盾に還元でき

た．NK も NJ の最小論理の拡張なので，やはり否定は含意と矛盾に還元できる．つまり ¬ は派生記号にすぎない．¬ に否定としての意味を与えるのは，⊥ に矛盾としての実質的な意味を与える矛盾律である．

命題論理の階層をつぎの**表 5.1** にまとめる．

表 5.1 命題論理の階層

名称	推論規則
原始論理	⇒ 導入・除去
肯定論理	⇒ ∧ ∨ 導入・除去
最小論理	⇒ ∧ ∨ ¬ 導入・除去
NJ（直観主義論理）	⇒ ∧ ∨ ¬ 導入・除去 矛盾律
NK（古典論理）	⇒ ∧ ∨ ¬ 導入・除去 矛盾律 ¬¬

これらおのおのの論理系に∀と∃についての導入除去規則を加えるとその論理系に対する述語論理を得る．述語論理の範囲で上に定義した**直観主義論理**の形式的体系を NJ(calculus of natural deduction for intuitionistic predicate logic) という．最後に 2 重否定除去規則を NJ に加えた体系を**古典論理**，NK(calculus of natural deduction for classical predicate logic) と呼ぶ．述語論理の∀と∃に関する推論規則はこの後で説明する．

5.2.6 限　量　子

(1) **アルファ同値**　二つの論理式は，それぞれの論理式に現れる各束縛変数を左から右へ出現順に新変数で書き換えると同一の論理式になるとき，**アルファ同値**という．例えば，$\forall X \exists Y \text{love}(X, Y)$ と $\forall P \exists Q \text{love}(P, Q)$ とはアルファ同値である．限量子の導入・除去規則を定義した後で容易に確かめられることであるが，アルファ同値という関係は文字どおり論理式の間の同値関係である．つまり，論理式 α が NJ で証明可能ならば，α とアルファ同値な論理式も NJ で証明可能である．この性質により本章ではアルファ同値な論理式を同一視する．NK でもまったく同様である．

限量子∀と∃についてそれぞれの導入規則と除去規則の意味を説明しよう．論理式 $\forall X \alpha(X)$ はすべての対象が性質 α を持つという主張を表していた．対象

領域が有限であれば，それらの元を $c_1, c_2, \ldots, c_n$ $(n > 0)$ と置くと，$\forall X\, \alpha(X)$ の意味は命題 $\alpha(c_1) \wedge \alpha(c_2) \wedge \cdots \wedge \alpha(c_n)$ のことである．しかし，自然数論のように対象が無限にある場合はこのような書き換えは不可能である．なぜならば論理式の長さは有限であるからである．個体数が無限の場合，それぞれについて性質 α を持つかどうかを有限ステップで確かめることはできない．個体領域が有限でない場合は，個々の個体にあたるのではなく，なんらか一網打尽の方法でなければならない．そして，つぎのような場合，実際にそれが可能である．任意に対象を選んでそれを固定して変数 X で表し，X が性質 α を持つことが記号的に，つまり「一様に」確かめられればよい．例えば，太郎と次郎が同じ背丈とする．そのとき，人 X が太郎と同じ背丈ならば，X は次郎とも同じ背丈であると結論してよい．これは X がだれであろうと，人間が無数にいても，「一様に」確かである．ゆえに，「すべての人は，彼が太郎と同じ背丈ならば彼は次郎と同じ背丈である」と結論してよい．このように知識の中にはわざわざ個別に当たらなくても記号的手段により確実な帰結が得られるものがある．以上の考察からわかるように，$\forall$ 導入規則は $\wedge$ 導入規則の一般化であり，同様に $\forall$ 除去規則は $\vee$ 除去規則の一般化と見ることができる．

(2) 全称限量子の推論法則

(a) $\forall$ 導入規則

$$\frac{\begin{array}{c}\Pi\\ \alpha\end{array}}{\forall X\, \alpha}\ (\forall\mathrm{I}\ X)$$

この証明図の仮定は Π の仮定と同じであると定義する．「X を任意の対象とする．Π で $\alpha(X)$ が成り立つこと示された．X は任意の対象であったから，ゆえに $\forall X\, \alpha(X)$ が成り立つ」と読む．

ここで X はすべての対象を「走る」点が重要なポイントである．すなわち，自由変数 X は任意の対象を表すという役割を持っていなければならないが，それがつぎの**変数条件**である．

変数 X は α の証明図 Π の仮定に自由変数として現れない．

5.2 証明図と推論規則

この変数条件によれば確かに，α は X に関するいかなる条件も使わずに導かれている．すなわち，すべての個体について α が成り立つことを意味している．

(b) ∀除去規則 $\Pi^{\forall X \alpha}$ を証明図とする．そのとき，以下は証明図であり，その仮定集合は Π の仮定集合と一致する．

$$\frac{\begin{array}{c}\Pi\\ \forall X \alpha\end{array}}{\alpha[X/t]}\ (\forall\mathrm{E}\ X)$$

ここで，t は任意の項であり，$\alpha[X/t]$ は α の自由変数 X をすべて t で置き換えて得られる論理式である．$\forall X \alpha(X)$ を ∀除去規則の主論理式と定義する．「すべての X について $\alpha(X)$ が成り立つ．ゆえに $\alpha(t)$ が成り立つ」と読む．

(c) ∃導入規則

$$\frac{\alpha(t)}{\exists x \alpha(X)}\ (\exists\mathrm{I}\ X)$$

ここで，t は任意の項であり，$\alpha(t) = \alpha[X/t]$ は α の自由変数 X をすべて t で置き換えて得られる論理式である．

∃導入規則による証明図合成はつぎのとおり．

$$\frac{\begin{array}{c}\Pi\\ \alpha[X/t]\end{array}}{\exists X \alpha}\ (\exists\mathrm{I}\ X)$$

ここで，t は任意の項であり，$\alpha[X/t]$ は α の自由変数 X をすべて t で置き換えて得られる論理式である．この証明図の仮定集合は Π の仮定集合と一致する．

(d) ∃除去規則

$$\frac{\exists X \alpha \quad \begin{array}{c}\alpha(X)\\ \vdots\\ \gamma\end{array}}{\gamma}\ (\exists\mathrm{E})$$

$\exists X \alpha(X)$ を ∃除去規則の主論理式という．「α を満たす X が存在する．X を任意の対象を表すとして，α から γ が Π により導ける．γ は X に依存しないから，ゆえに γ が成り立つ」と読む．

左の上式 $\exists X\,\alpha$ の証明図 Π_1 は性質 α を満たす対象が少なくとも一つは存在することを示している．存在するのだからそれらのうち任意に一つ選んで X と置こう．つまり，$\alpha(X)$ が成り立っている．右の上式は $\alpha(X)$ から γ が導けることを示している．しかも，変数条件から X は α を満たしている限り，どんな個体であってもよい．すると上式の左の証明図と右の証明図をつなぐと γ の証明図が得られることになる．個体に応じた場合分けだと無限個の証明図を並べなくてはならないが，任意の個体を表す変数 X を導入して，一つのパターンですませている．

$\exists$ 除去規則による証明図合成はつぎのとおり．Π_1 は $\exists X\,\alpha$ の証明図，Π_2 は γ の証明図であり，$k:\alpha$ は Π_2 の仮定になり得るとする．変数条件はつぎのとおりである．

X は γ に現れず，また $k:\alpha$ 以外の Π_2 の仮定に現れない．

$$\dfrac{\begin{array}{cc}\Pi_1 & \Pi_2 \\ \exists X\,\alpha & \gamma\end{array}}{\gamma}\,k(\exists E)$$

この証明図の仮定集合は，Π_1 と Π_2 の仮定集合の和から仮定 $k:\alpha$ を除いたものである．

5.3　正規形定理とその応用

5.3.1　正規形証明図

$$\dfrac{\dfrac{\alpha}{\alpha\vee\beta}(\vee I)\quad \begin{array}{cc}[\alpha] & [\beta] \\ \vdots & \vdots \\ \gamma & \gamma\end{array}}{\gamma}(\vee E)$$

この証明図では，導入された $\alpha\vee\beta$ がその直後に除去されている．このような論理式は証明には必要がない無駄な論理式であり，回り道と考えられる．この場合は「導入後すぐ除去」がないようにつぎのように書き直すことができる．

$$\alpha \\ \vdots \\ \gamma$$

すなわち，同じ仮定を用いて同じ結論を導出する，より簡単な証明図ができた．これを一般化したのが正規形定理である．すなわち，どんな証明図もその仮定と結論を変えずに回り道のない証明に変形できる．まわり道のない証明図のことを正規形と呼ぶ．

つぎも回り道を除去することができるパターンである．

$$\dfrac{\dfrac{[\alpha]_i \\ \vdots \\ \beta}{\alpha \Rightarrow \beta}(\Rightarrow \text{I}) \quad \begin{matrix}\Pi \\ \alpha\end{matrix}}{\beta} i(\Rightarrow \text{E}) \quad \Rightarrow \quad \begin{matrix}\Pi \\ \alpha \\ \vdots \\ \beta\end{matrix}$$

$$\dfrac{\dfrac{\begin{matrix}\Pi \\ \alpha[X/t]\end{matrix}}{\exists X \alpha}(\exists \text{I}) \quad \begin{matrix}\alpha \\ \vdots \\ \beta\end{matrix}}{\beta}(\exists \text{E}) \quad \Rightarrow \quad \begin{matrix}\Pi \\ \alpha[X/t] \\ \vdots \\ \beta\end{matrix}$$

$\exists$E 規則の変数条件より X は自由変数として β には現れないので，$\beta[X/t] = \beta$ であることに注意する．

$$\dfrac{\dfrac{\begin{matrix}\Pi \\ \alpha\end{matrix}}{\alpha \vee \beta}(\vee \text{I}) \quad \begin{matrix}[\alpha]_i \\ \vdots \\ \gamma\end{matrix} \quad \begin{matrix}[\beta]_j \\ \vdots \\ \gamma\end{matrix}}{\gamma}i,j(\vee \text{E}) \quad \Rightarrow \quad \begin{matrix}\Pi \\ \alpha \\ \vdots \\ \gamma\end{matrix}$$

$\bot$ 推論規則についても同様な簡約規則がある．例えば，$\bot$ 推論規則で導出された $\alpha \vee \beta$ が直後に $\vee$E 除去規則により消える場合である．この簡約規則はつぎのとおりである．

$$\dfrac{\dfrac{\begin{matrix}\Pi \\ \bot\end{matrix}}{\alpha \vee \beta}(\bot) \quad \begin{matrix}[\alpha]_i \\ \vdots \\ \gamma\end{matrix} \quad \begin{matrix}[\beta]_j \\ \vdots \\ \gamma\end{matrix}}{\gamma}i,j(\vee \text{E}) \quad \Rightarrow \quad \dfrac{\begin{matrix}\Pi \\ \bot\end{matrix}}{\gamma}(\bot)$$

⊥ からはなんでも導出できるのであるから，除去規則の結論を直接 ⊥ から導入するように証明図を書き換えることができる．ほかの除去規則の場合も同様に考えてその簡約規則を決めることができる．⊥ に関するこのような簡約規則を ⊥ 簡約規則と呼ぶ．

導入と除去が離れているつぎのようなパターンもある．

$$\cfrac{\alpha \vee (\alpha \wedge \beta) \quad \cfrac{\cfrac{[\alpha]_1 \quad \beta}{\alpha \wedge \beta}(\wedge \mathrm{I}) \quad [\alpha \wedge \beta]_2}{\cfrac{\alpha \wedge \beta}{\alpha}(\wedge \mathrm{E})}}{} 1,2(\vee \mathrm{E})$$

これはつぎのように消去することができるから回り道と考えられる．

$$\cfrac{\alpha \vee (\alpha \wedge \beta) \quad [\alpha]_1 \quad \cfrac{[\alpha \wedge \beta]_2}{\alpha}}{\alpha} 1,2(\vee \mathrm{E})$$

このように，証明の中の「回り道」は正確に定義されなければならないが，林[22]にその詳細がある．本章の回り道の定義は直観主義論理 NJ のいくつかの基本性質を示すに十分なだけの定義にとどめた．

さて，回り道のない証明図を**正規形**と呼ぶ．正規形の証明図では，導入された論理式が除去されることはない．したがって，正規形の証明図は，仮定から出発して最初は除去規則ばかりを適用し，後半は導入規則ばかりを適用して構成される証明図である．

つぎの証明図は正規形である．

$$\cfrac{\cfrac{[\beta]_1}{\alpha \Rightarrow \beta} \Rightarrow \mathrm{I}}{\beta \Rightarrow (\alpha \Rightarrow \beta)} 1 \Rightarrow \mathrm{I}$$

つぎの証明図は正規形ではない．

$$\cfrac{\cfrac{\cfrac{\cfrac{[\alpha]_1 \quad [\beta]_2}{\alpha \wedge \beta} \wedge \text{I}}{\beta} \wedge \text{E}}{\alpha \Rightarrow \beta} 1(\Rightarrow \text{I})}{\beta \Rightarrow (\alpha \Rightarrow \beta)} 2(\Rightarrow \text{I})$$

5.3.2 NJ の正規形定理

NJ のすべての論理式 α について，α が証明可能ならば回り道のない α の証明図が存在する．この定理を NJ の正規形定理という．回り道など必要ないくつかの概念を正確に定義してから証明しよう．その後で，NK の正規形定理について述べる．NK の正規化定理は NJ の正規化定理からすぐ得られる．

Π を証明図として，$\Delta \to \Delta'$ を簡約規則とする．Π に現れる部分証明図 Δ の現れを一つだけ Δ' に書き換える変形を**基本変形**と呼ぶ．基本変形が可能な証明図を**簡約可能**であるという．

論理式 α が証明図 Π のある部分証明図 Δ の主論理式であり，かつ，Δ を左辺に持つ簡約規則が存在するとき，α を Π の**回り道**という．

一つの証明図に同じ仮定がいくつも葉として現れることがある．簡約規則の中には葉を証明図で '接ぎ木' する操作も含まれている．したがって，一つの回り道を基本変形により消去しても，証明図は木としては大きく複雑になってしまうことがある．つまり，基本変形により確実に減少するような，証明図の木としての複雑さ（サイズ）以外の複雑さが必要である．それが証明図のランクである．

● **定義 5.4** 証明図 Π に出現する回り道の論理式の最大長を Π の**ランク**と呼ぶ．回り道の論理式が存在しない場合はランク 0 と規約する．

ここで，論理式 α に出現する論理結合子の出現の数を α の**長さ**と呼び，$\sharp \alpha$ と書く．例えば，$p(X), q(X), r(X)$ をそれぞれ原子論理式として，$\sharp (\exists X\, (p(X) \wedge$

$q(X) \wedge \neg r(X)) = 4$ である。

◎ **定理 5.1（NJ の正規形定理）** Π が論理式 α を結論とする NJ の証明図ならば，α を結論とし，仮定集合が Π の仮定集合の部分集合であるような NJ の正規形証明図が存在する。

[証明] Π をランク $n > 0$ の証明図とする。すると，Π の最も左上に出現し，かつ，長さ n の回り道の論理式を主論理式として持つ簡約可能な Π の部分証明図が存在する。その一つを Π' と置く。Π の部分証明図 Π' を簡約すると，Π は変形されて Π'' となる。ここで Π と Π'' を比べると，ランク n の回り道の論理式の出現の数は少なくとも一つ Π'' のほうが小さくなっている。Π'' について同じ変形操作を再帰的に適用すれば，ついには長さ n の回り道の論理式はなくなる。こうして，Π のランクよりも小さいランクを持ち，かつ，Π の結論と同じ結論を導く証明図が得られることがわかる。明らかに，このランク下げの操作はランクが 0 になるまで繰り返すことができる。つまり，すべての証明図が正規形を持つことが示された。

証明図の基本変形操作は新たな仮定を導入しないので，証明図の簡約の途中で Π に現れない新たな仮定が現れることはない。ゆえに，得られた正規形証明図の仮定集合は Π の仮定集合の部分集合である。

正規形定理のこの証明のポイントは，葉のほうから優先して基本変形を適用するところである。一般に，基本変形の結果枝が増えて証明図のランクが「大きく」なることがある。しかし，この証明のように基本変形が適用可能な極小の部分証明図を優先して簡約するならば，基本変形の形から回り道の出現数は確実に少なくなる。接ぎ木操作でも，少なくなる。したがって，ランクに基づく数学的帰納法が成立する。

（1） NK の正規形定理 NJ の正規形定理を用いて，NK の正規形定理はつぎのように簡単に示すことができる。まず，NK の 2 重否定律より $\neg\neg\alpha \Rightarrow \alpha$ は NK の定理であることに注意する。すると，Π が NK の証明ならば，Π の中で二重否定律を使う個所をすべてつぎのように $\Rightarrow$ 除去規則で置き換えると，得られる証明図もやはり NK の証明図である。

$$\dfrac{\Pi}{\substack{\neg\neg\alpha \\ \alpha}} \quad \Rightarrow \quad \dfrac{\dfrac{[\neg\neg\alpha]_i}{\alpha}(\neg\neg) \qquad \Pi}{\dfrac{\neg\neg\alpha \Rightarrow \alpha \quad\; \neg\neg\alpha}{\alpha}}\,i$$

ここで,i は新しいラベルとする。Π をこのように変形した結果の証明図を Π' とおく。さらに,Π' に現れる $\neg\neg\alpha \Rightarrow \alpha$ の部分証明図全体を葉 $\neg\neg\alpha \Rightarrow \alpha$ に置き換えて得られる証明図 Π'' としよう。Π'' にはもはや 2 重否定律は現れないから Π'' は NJ の証明図にほかならない。そこで,NJ の証明図として Π'' に正規形定理を適用すると NJ の正規形証明図が得られる。ただし,2 重否定律を表す補題は葉として残っている。こうして NK の証明図は 2 重否定律補題 $\neg\neg\alpha \Rightarrow \alpha$ を葉に持つ NJ の正規形証明図に簡約できることが示された。

（2） 主部分証明図と幹　推論規則の定義において,除去規則に対しては前提の論理式のうちどれが主論理式かを指定したことを思い出そう。最後が除去規則で終わる証明図 Π に対してその主論理式を結論とする Π の直接の部分証明図を Π の**主部分証明図**という。除去規則で終わっていない証明図に対しては,主部分証明図は定義されない。証明図 Π の結論を直接導く推論規則を Π の主規則と呼ぶ。

● **定義 5.5**　(証明図の幹)　証明図 $\Pi = \Pi_0$ の部分証明図の列 $\Pi_0, \Pi_1, \ldots, \Pi_n$ $(n \geq 0)$ は,Π_{i+1} が Π_i の主部分証明図 $(0 \leq i \leq n-1)$ であり,かつ,そのような列の中で長さが最大のものを Π の**幹**と呼ぶ。

証明図の主部分証明図がたかだか一つであるから,どんな Π にも幹は唯一存在し,その長さは 1 以上である。また,Π が除去規則で終わっていなければ,定義により Π の主部分証明図はないので,Π の幹の長さは 1 である。逆に Π の幹の長さが 1 ならば Π の主規則は除去規則ではない。

例として,つぎの証明図を $\Pi = \Pi_0$ とおいて Π の幹を求めよう。

$$\frac{\dfrac{[(\alpha \vee \alpha) \wedge \alpha]_1}{\alpha \vee \alpha}\,(\wedge\mathrm{E}) \qquad [\alpha]_2 \qquad [\alpha]_3}{}\,2,3(\vee\mathrm{E})$$

Π_0 の主部分証明図はつぎの証明図 Π_1 である．

$$\frac{[(\alpha \vee \alpha) \wedge \alpha]_1}{\alpha \vee \alpha}\,(\wedge\mathrm{E})$$

Π_1 の主部分証明図 Π_2 は仮定 $[(\alpha \vee \alpha) \wedge \alpha]_1$ であり，Π_2 は葉であるから主部分証明図は持たない．したがって，Π の幹は列 Π_0, Π_1, Π_2 であり，その長さは 3 である．

○ **補題 5.1** 除去規則で終わる NJ の正規形の証明図には落ちていない仮定が必ず残っている．

【証明】 Π を NJ の正規形証明図とし，Π の主規則は除去規則とする．Π の幹を $\Pi_0, \Pi_1, \cdots, \Pi_{n-1}$ ($n > 0, \Pi_0 = \Pi$) と置く．Π が正規形だから，どの Π_i も簡約できない．Π の主規則が除去規則で，Π の主論理式が Π_1 の結論と一致することから，Π_1 の主規則は ⊥ ではない．また，$i > 1$ ならば Π_i の主規則は ⊥ 規則ではない．さもなければ，Π が簡約可能になり，仮定に反する．一方，主規則が除去規則であるような Π_i は幹には含まれない．もし含まれるならば Π_i の主論理式が Π_{i+1} の結論と一致し，Π_i と Π_{i+1} の主規則がそれぞれ除去規則と導入規則であるような $0 \leqq i < n-1$ が存在しなければならないが，Π が正規形なのでそれは不可能である．ゆえに，Π の幹の要素 Π_i の主規則はすべて除去規則である．特に幹の最後の要素 Π_{n-1} は Π の葉である．一方，除去規則は幹の葉を落とさないから，Π_{n-1} は Π の落ちていない仮定である．

5.3.3 正規形定理の応用

NJ の正規形定理からただちに得られる重要な帰結のいくつかの性質とその証明を記す．正規形証明図の幹に関する上述の性質を使って，NJ のつぎの重要な性質を証明しよう．

- ⊥ は証明できない．つまり NJ は無矛盾である．
- 原子命題は証明できない．

5.3 正規形定理とその応用

- $\alpha \vee \beta$ が NJ の定理ならば α か β の少なくとも一つは NJ の定理である。
- $\exists X \alpha$ が NJ の定理ならば，ある項 t が存在して $\alpha[X/t]$ が NJ の定理である。
- NJ で排中律 $\alpha \vee \neg \alpha$ は証明できない。

（1） 無 矛 盾 性 $\bot$ が NJ で証明できないことを示せばよい。背理法を用いる。$\bot$ が NJ で証明可能とする。$\bot$ の正規形証明図を Π と置く。$\bot$ が Π 以外の部分証明図 Π' の結論となっていれば Π を Π' と置く。このことを繰り返せばいつかは結論を除いてどの部分証明図の結論も $\bot$ ではないようにできる。この証明図をあらためて Π と置けばよい。すると，Π は除去規則で終わっている正規形証明図なので落ちずに残っている Π の仮定が存在する。これは Π の仮定がすべて落ちていることと矛盾する。背理法により，ゆえに $\bot$ は NJ では証明できない。

（2） 原子命題の証明不可能性 つぎに，原子命題 α が NJ の定理でないことを $\bot$ の場合と同様に背理法で証明する。Π を α の（仮定のすべて落ちた）正規形証明図とする。$\bot$ が NJ で証明不可能であったから，Π の最後は除去規則で終わらなければならない。すると，Π は最後が除去規則で終わる正規形証明図であるから，Π は仮定を持たなければならない。しかし，これは Π が仮定を持たないことに反する。背理法により，ゆえに α は NJ で証明できない。

（3） NJ の構成的性質 $\alpha \vee \beta$ が NJ の定理としよう。NJ の正規形定理より，$\alpha \vee \beta$ を結論とする正規形証明図 Π が存在する。Π の最後の推論規則は $\bot$ 規則か除去規則か $\vee$ 導入規則かの 3 通りである。ところが，$\bot$ は NJ で導けなかったから，$\bot$ 規則ではない。つぎに除去規則の場合であるが，Π が除去規則で終わる正規形証明図なので，落ちずに残っている Π の仮定が存在することになり矛盾する。したがって，この場合も不可能である。ゆえに Π の最後の推論規則は $\vee$ 導入規則でなければならない。$\vee$ 導入規則の形から，α または β を結論とする Π の直接の部分証明図が存在する。これは α または β のいずれかは NJ の定理であることにほかならない。ゆえに，$\alpha \vee \beta$ が NJ の定理ならば，α と β のいずれかは NJ で証明可能である。一方，古典論理 NK では，排中律

が示すように，α と $\neg\alpha$ のいずれもが証明不可能であっても $\alpha \vee \neg\alpha$ は証明可能である．

　つぎに，$\exists X\, \alpha(X)$ が述語計算 NJ で証明可能ならば $\alpha(t)$ が NJ で証明可能であるような項 t が存在することを示そう．そのために $\exists X\, \alpha(X)$ が NJ で証明可能と仮定する．正規化定理により，最後の推論規則は $\exists$ 導入規則しかあり得ない．つまり，ある項 t が存在して $\alpha(t)$ が証明できなければならない．これが証明すべきことであった．すなわち，NJ では，論理式で表される性質 α を持つ対象が存在することが証明されるとき，正規化定理によりその対象の形が項として証明図の中に現れている．これは NJ の構成的 (constructive) な性質と考えられる．古典論理 NK はこの性質を持たない．

　NJ の存在限量子の構成的性質はプログラム合成の基礎原理であり，その基本的な考え方はつぎのとおりである．いま入力 X に対して出力 Y を求めるプログラムの仕様が論理式 $\forall X \exists Y\, \beta(X, Y)$ として与えられたとする．まず，この仕様を NJ で証明する．証明が得られたならばそれを正規形に簡約する．すると正規形定理が示す NJ の構成的性質から，$\beta(x, t(X))$ が成り立つような項 $t(X)$ が Y に代入される項として現れる．この $t(X)$ が求めるプログラムである．詳しくは林[22]を参照のこと．

（4）排中律　つぎに排中律が NJ で証明不可能であることを背理法で導こう．α を命題変数として命題 $\gamma = (\alpha \vee \neg\alpha)$ の証明図 Π が存在すると仮定しよう．すると NJ の正規形定理とすぐ上で証明したことにより最後は $\vee$ 導入規則である．したがって，α または $\neg\alpha$ のどちらかは NJ で証明可能でなければならない．しかし，命題変数は NJ の定理ではあり得なかったので，α は NJ の定理ではない．残りは $\neg\alpha$ が NJ で証明可能の場合のみである．$\neg\alpha$ が NJ で証明可能ならば，その証明図 Π に現れる命題変数 α を一斉に $\neg\alpha$ で置き換えて得られる証明図を Π' とすると，代入法則により，Π' は $\neg\neg\alpha$ の証明図である．$\neg\alpha$ が NJ で証明可能であったから，これで矛盾 $\bot$ が NJ で導けた．これは NJ が無矛盾であることに反する．ゆえに $\alpha, \neg\alpha$ ともに NJ では導けない．これは，Π の最後の推論規則が $\vee$I であることに矛盾する．ゆえに背理法により，排

中律は NJ で導けない.

一方，NK ではつぎのとおり排中律が証明できる．$\vdash_{NK} \neg \xi$ と $\vdash_{NK} \xi \Rightarrow \bot$ は同値であったから，$\vdash_{NK} \alpha \Rightarrow \beta$ ならば $\vdash_{NK} \neg \beta \Rightarrow \neg \alpha$ である．また，つぎの三段論法も成り立つ．すなわち，$\vdash_{NK} \alpha \Rightarrow \beta$ かつ $\vdash_{NK} \beta \Rightarrow \gamma$ ならば $\vdash_{NK} \alpha \Rightarrow \gamma$．$\vdash_{NK} \alpha \Rightarrow \beta$ かつ $\vdash_{NK} \alpha \Rightarrow \gamma$ ならば $\vdash_{NK} \alpha \Rightarrow \beta \wedge \gamma$ の証明も容易である．これらを使ってド・モルガン律 $\vdash_{NK} (\alpha \Rightarrow \beta) \equiv (\neg \beta \Rightarrow \neg \alpha)$ を示すことができる．ここで，$\xi \equiv \eta$ は論理式 $(\xi \Rightarrow \eta) \wedge (\eta \Rightarrow \xi)$ を表す略記法である．これらの性質の NK での証明は難しくないので演習とする．

この三段論法とド・モルガン律を用いて排中律を NK で証明しよう．$\vee$ 導入とド・モルガン律より $\vdash_{NK} \neg(\alpha \vee \neg\alpha) \Rightarrow \neg\alpha$．同じく，$\vdash_{NK} \neg(\alpha \vee \neg\alpha) \Rightarrow \neg\neg\alpha$ である．この二つに $\neg$ 除去規則を適用して $\vdash_{NK} \neg(\alpha \vee \neg\alpha) \Rightarrow \bot$ を得る．ゆえに，$\neg$ 導入規則より $\vdash_{NK} \neg\neg(\alpha \vee \neg\alpha)$ を，さらに，2 重否定律により $\neg\neg$ を消去して目標の $\vdash_{NK} \alpha \vee \neg\alpha$ を得る．以上の証明をつぎのように NK の証明図にまとめることができる．まず，使った三段論法やド・モルガン律を「補題」とする $\alpha \vee \neg\alpha$ の証明図 Π を作る．Π はいくつかの葉が「補題」の論理式で終わっていること以外は NK の証明図である．ここで，Π および「補題」の仮定はすべて落ちていることに注意する．つぎに，補題が置かれている Π のすべての葉をその補題の証明図で '接ぎ木' する．得られた証明図は $\alpha \vee \neg\alpha$ を結論として持ち，かつ，仮定がすべて落ちた NK の証明図である．

(5) NK の NJ への埋め込み NJ は NK から 2 重否定律だけを除いたシステムであった．つまり，NJ の証明能力は NK より低い．実際，NK で証明できる排中律 $\alpha \vee \neg\alpha$ が NJ では証明不可能であった．すなわち NJ の定理は NK の定理より真に少ない．しかし，意外なことに両者の証明能力はある意味で等価である．それを示すのがグリベンコの定理である．

◎ **定理 5.2**　(**グリベンコの定理**)　論理式 α が命題計算 NK において証明可能ならば，$\neg\neg\alpha$ は NJ で証明可能であり，逆も成り立つ.

$$\vdash_{NK} \alpha \iff \vdash_{NJ} \neg\neg\alpha$$

つまり，古典論理 NK の証明は，直観主義論理 NJ の証明に埋め込むことができる。

グリベンコの定理を証明するには，NK の証明図に現れるすべての論理式の前に $\neg\neg$ を付加して得られる証明図が NJ の証明図であることをいえばよい。そのためには，NK のすべての推論規則について，その前提のすべての論理式の前に $\neg\neg$ を付加したものを仮定して，結論の論理式の前に $\neg\neg$ をつけた論理式が NJ で導けることを示せばよい。例えば，$\Rightarrow$ E 規則

$$\frac{\alpha \Rightarrow \beta \quad \alpha}{\beta}$$

については，$\neg\neg(\alpha \Rightarrow \beta)$ と $\neg\neg\alpha$ を仮定して $\neg\neg\beta$ を導く NJ の証明を示せばよい。言い換えると，$\neg\neg(\alpha \Rightarrow \beta) \Rightarrow \neg\neg\alpha \Rightarrow \neg\neg\beta$ を NJ で証明すればよい。NK のほかの推論規則についても同様である。自然演繹 NJ の演習問題とする。

同様の方針でグリベンコの定理は述語計算 NK にも拡張される。α を論理式とし，α に現れる $\forall X\,\beta$, $\exists X\,\beta$ の形の部分論理式をそれぞれ $\forall X\,\neg\neg\beta$, $\exists X\,\neg\neg\beta$ と再帰的に置き換えて得られる論理式を α^* と書く。例えば，$p(X,Y)$ を原子論理式として，$(\forall X \forall Y\, p(X,Y))^* = \forall X\,\neg\neg\forall Y\,\neg\neg p(X,Y)$ である。拡張の鍵はつぎの同値性であるが，それは上述のように演習問題とする。

$$\vdash_{NK} \alpha \iff \vdash_{NJ} \neg\neg(\alpha^*)$$

グリベンコの定理によって，論理式 α の NK における証明図 Π を $\neg\neg\alpha$ の NJ における証明図 Π' に変形できる。Π' に NJ の正規形定理を適用して，正規形 Π'' を得る。この Π'' に対して二重否定律を適用すると，α の NK における証明図 Π''' となる。明らかに，Π''' は，最後に二重否定律が使われる以外は，NJ における正規形証明図である。つまり，NK は NJ の中に埋め込まれていることが示された。

演習問題

【1】 NKでつぎの論理式を証明せよ。
(1) $(\neg\beta \Rightarrow \neg\alpha) \Rightarrow (\alpha \Rightarrow \beta)$
(2) $(\alpha \Rightarrow \beta) \Rightarrow \neg\alpha \vee \beta$
(3) $\neg(\alpha \wedge \beta) \Rightarrow \neg\alpha \vee \neg\beta$
(4) $((\alpha \Rightarrow \beta) \Rightarrow \alpha) \Rightarrow \alpha$

【2】 命題論理式 α 中の命題変数にどのように真偽値（真または偽の2値）を割り当てても真である，つまり恒真とする。このとき，α は直観主義論理で証明可能か。

【3】 (1) 古典論理で，「改革なければ成長なし」と「改革すれば成長する」は同値か。
(2) NKで，「叱られなければ勉強しない」の対偶をとり，さらに二重否定律を適用すると「勉強すると叱られる」を得る。この一見常識に反する結論はどのように読めばよいか。

6 論理プログラム

本章では，7章で紹介する Prolog 言語の理論モデルである**論理プログラム**について解説する．特に，**確定プログラム**と，それに**失敗による否定**を追加した**一般論理プログラム**を導入する．

6.1 確定プログラム

確定プログラム (definite program) は，ホーン節と呼ばれる制限された節の集合である．はじめに，ホーン節を定義しよう．

● **定義 6.1**　　ホーン節は含意の結論部がたかだか 1 個の正リテラルからなる節である．

確定プログラムは，手続き定義を表す**確定節**の集合と，質問を表す**ゴール節**，および矛盾を表す**空節**とからなる．また，確定節，ゴール節，空節はすべてホーン節である．確定節，ゴール節，空節の定義は以下のとおりである．

● **定義 6.2**　　**確定節**は含意の結論部が 1 個の正リテラルからなるホーン節である．**ゴール節**は結論部が空のホーン節である．**空節**は条件部および結論部がともに空のホーン節で，矛盾を表す．空節は□あるいは⊥で表す．

6.1 確定プログラム

■ 確定プログラムの例

確定プログラムの概略を説明するために，確定プログラムによる血縁関係の表現例をプログラム **6-1** に示す．

プログラム 6-1

```
{
parent(namihei, sazae),    parent(namihei, katsuo),
parent(namihei, wakame),   parent(fune, sazae),
parent(fune, katsuo),      parent(fune, wakame),
parent(masuo, tara),       parent(sazae, tara),
parent(katsuo, iruka),     parent(katsuo, shachi),
parent(tara, asari),       parent(tara, shijimi),
parent(iruka, sora),       parent(shachi, kumo),
ancestor(X,Z) ⇐ parent(X,Z),
ancestor(X,Z) ⇐ parent(X,Y) ∧ ancestor(Y,Z),
}
```

具体的に血縁関係の中身について見てみよう．この論理プログラム中に現れる述語は，親子関係を表す $parent$ と祖先関係を表す $ancestor$ の二つである．$parent(X,Y)$ は，X が Y の親であることを表している．例えば，$parent(namihei, sazae)$ は，$namihei$ は $sazae$ の親であるという事実を表している．一方，$ancestor(U,V)$ は，U が V の祖先であることを表している．$ancestor$ の定義を見てみよう．第 1 の定義

$$ancestor(X,Z) \Leftarrow parent(X,Z)$$

は，「もし X が Z の親 $(parent(X,Z))$ であれば X は Z の祖先 $(ancestor(X,Z))$ である」という規則を表している．また，第 2 の定義

$$ancestor(X,Z) \Leftarrow parent(X,Y) \land ancestor(Y,Z)$$

は，「X が Y の親でかつ Y が Z の祖先であるとき，X は Z の祖先である」を意味する[†]．

この血縁関係プログラムへの問合せは，$\Leftarrow parent(namihei, sazae)$ あるい

[†] $ancestor$ プログラムはその定義に自分自身を使っているので，再帰プログラムと呼ばれる．再帰プログラムについての詳細は，7 章で与える．

は $\Leftarrow parent(namihei, X)$ のような質問に対する証明として実現される。すなわち、これらの質問文はすべてゴール節の形式で与えられる。ゴール節は証明したい質問の否定と考えられ、反駁融合法によって矛盾 $\bot$ を導く (6.3 節参照)。したがって、反駁証明が失敗するとき、すなわち、矛盾が導かれないとき、確定プログラムのゴール実行も失敗する。この「実行が失敗する」ということは、ほかの言語には見られない論理プログラムの大きな特徴の一つである。

6.2 確定プログラムの意味論

与えられた確定プログラムがどのような計算結果をもたらすのかを知ることは、大切である。もちろん、その確定プログラムを実行することによって、計算結果を知ることはできるが、それ以外の方法で計算結果を求めることができれば、それはそのプログラムの意味と呼ぶにふさわしいと考えられる。実際、確定プログラムの意味は、そのプログラムが成り立つ最小のエルブランモデルとして定義される。ここで、最小性は集合の包含関係についてである。すなわち、ほかの任意のエルブランモデルに包含されるモデルである。確定プログラム P の意味を最小エルブランモデルによって定義する方法は宣言的定義と呼ばれる。その理由は、そのプログラムが成り立つ最小のエルブランモデルを意味と考えたとき、そのようなモデルは手続きに依存しないで決まるからである。

★ 例 6.1 ★　　以下のプログラム P について考える。

$$P = \{odd(s(0)), (odd(s(s(X)) \Leftarrow odd(X))\}$$

このプログラムは、奇数を定義しているが、それが成り立つエルブランモデルは多数存在する。例えば

$$\{odd(0), odd(s(0)), odd(s(s(0))), \ldots\},$$

$$\{odd(s(0)), odd(s(s(0))), odd(s(s(s(0)))), \ldots\},$$

$\{odd(s(0)), odd(s(s(s(0)))), \ldots\}$

などはすべて P のモデルである。というのは，それらはすべて奇数の集合を含んでいるので，そこではプログラム P が成り立つからである。ところが，最後のモデル以外は，奇数のモデルと呼ぶにはふさわしくない。それは，0 や 2 などの数も含んでいるからである。最後のモデルは，その他のすべてのモデルに含まれており，これが最小モデルとなる。

つぎに，確定プログラムでない場合のエルブランモデルを考えてみよう。

★ 例 6.2 ★

$Q = \{p(a) \lor p(b)\}$

二つのモデル $\{p(a)\}$ および $\{p(b)\}$ はいずれもプログラム Q のモデルである。すなわち，その二つのモデルの上で，Q は成り立つ。ところが，これらの二つのモデルの間には包含関係が成り立たないので，プログラム Q に対しては最小モデルが存在しない。最小モデルの存在が保証されているのは，確定プログラムだけである。

一方，与えられた確定プログラムのボトムアップ計算を考える。ボトムアップ計算とは，与えられた確定プログラムのあるルールの条件部のすべての原子文に融合可能なファクトが存在するとき，それらを順次融合させて消去し，最終的に残った結論部を新たなファクトとして求める計算を繰り返す方法である。与えられた確定プログラム P のすべてのルールとファクトに対して，ボトムアップ計算を実行して得られるすべてのファクトを元のファクトに追加する操作を $\mathbf{T_P}$ **オペレータ**と呼ぶ。$\mathbf{T_P}$ オペレータは，与えられた確定プログラム P のエルブラン基底の部分集合間の写像として定義される。

● **定義 6.3** 確定プログラム P と P のエルブラン基底 $\mathbf{B_P}$ の任意の部分集合 $\mathbf{I}$ に対して

$$\mathbf{T_P}(\mathbf{I}) = \{A \in B_P \mid \exists C \in ground(P), C = A \Leftarrow L_1 \wedge \cdots \wedge L_n$$
$$and L_1, \ldots, L_n \in I\}$$

ここで, $ground(P)$ は, プログラム P のすべての基礎例の集合である.

初めは空集合に対して$\mathbf{T_P}$オペレータを施す. すべてのファクトは, その前提が空であり, 上の$\mathbf{T_P}$オペレータの定義での$\mathbf{L_i}$がないので, それらはすべて$\mathbf{T_P}(\lbrack\rbrack)$に含まれる. プログラム 6-1 の例でいえば

$$\mathbf{T_P}(\lbrack\rbrack) = \{parent(namihei, sazae), parent(namihei, katsuo),$$
$$\ldots, parent(shachi, kumo)\}$$

となる. つぎに, この結果を引数として, $\mathbf{T_P}$オペレータを適用すると, 新たに $ancestor(namihei, sazae), ancestor(namihei, katsuo), \ldots$ が答えとして得られる. この操作を繰り返していくと, 二代隔った祖先, 三代隔った祖先, というように, 新たな事実が順次付け加えられる. そして, ある時点で, それ以上増加しなくなる. このときのファクト集合を$\mathbf{I_\omega}$で表すと, $\mathbf{T_P}(\mathbf{I_\omega}) = \mathbf{I_\omega}$ となる. すなわち, 集合$\mathbf{I_\omega}$は, $\mathbf{T_P}$オペレータの**不動点** (fix piont) である. 集合$\mathbf{I_\omega}$は, この論理プログラムから帰結されるすべてのファクトを表していると考えられるので, 対応する論理プログラムの計算結果としての意味を与えていると考えてよい.

実際, 任意の論理プログラムの最小エルブランモデルと$\mathbf{T_P}$オペレータの不動点の間には, つぎの定理が成り立つ.

◎ 定理 6.1 (Characterization Theorem) 　　任意の論理プログラムの最小エルブランモデルと$\mathbf{T_P}$オペレータの不動点は等しい.

定理 6.1 は, Characterization Theorem と呼ばれている[24]. Characterization Theorem によって, 確定プログラムの意味論が確立された. この定理の意味は, モデル論による論理プログラムの意味, すなわち最小エルブラン

モデルと証明論の立場に近い手続き的な操作によって得られる$\mathbf{T_P}$オペレータの不動点が等しいことを示した点である．すなわち，この定理もモデル論と証明論の橋渡しの一つになっている．

6.3 確定プログラムの証明手続き

6.1 節では，確定プログラムの例と，それに対する質問の提示について概略を説明した．本節では，どのようにして確定プログラムが質問に対する解を得ているのか，すなわち確定プログラムの証明手続きについて説明する．

確定プログラムの証明手続きは，ゴール節に対する **SLD 反駁** (selective linear definite refutation) と呼ばれる反駁証明を用いている．以下に SLD 反駁の定義を与える．

● **定義 6.4** （SLD 反駁） P を確定プログラム，G をゴール節とする．以下の条件を満たすゴール列 $G_0 = G, G_1, \ldots, G_n = \bot$ を $P \cup \{G\}$ の **SLD 反駁**と呼ぶ．
- $G_i =\Leftarrow A_1 \wedge \cdots \wedge A_n, C_{i+1} = H \Leftarrow B_1 \wedge \cdots \wedge B_m$ とする．
- A_1 と H は，最汎単一化子 θ_{i+1} により，単一化可能である．
- $G_{i+1} =\Leftarrow (B_1 \wedge \cdots \wedge B_m \wedge A_2 \wedge \cdots \wedge A_n)\theta_{i+1}$．

SLD 反駁証明は，5 章で与えた SL 融合法の特殊な場合であり，入力融合法でもある．この証明手続きの名前の一部に線形 ($Linear$) という言葉が使われている理由は，この証明戦略での証明図式が，$G_0 = G, G_1, \ldots, G_n = \bot$ のように一本の線上に並ぶからである．このことは，この証明戦略の効率の良さを示唆している．一般にはこの性質は成り立たないことに注意しよう．一方，SLD 反駁はホーン節集合で表現される確定節プログラムと与えられたゴール節に対して完全証明戦略であることが知られている．証明が枝分かれなしに進行す

る理由は，確定節の性質，すなわち頭部が必ず一つの原子文（正リテラル）のみからなっているからである。このため，得られる融合節は正リテラルを含まない節，すなわちゴール節が得られる。ゴール節に含まれるリテラルはすべて負リテラルなので，それらは必ず与えられた確定プログラム中のいずれかの節によって融合され，証明が進められる。

SLD 反駁は，**SLD 融合法**とも呼ばれる。

SLD 融合法を図示するのに用いるのが，**SLD 木**である。SLD 木を用いると，証明の可能なすべてのパスを表現できる。以下に，SLD 木の定義を与える。

● **定義 6.5** （SLD 木） 確定節プログラム P とゴール節 G に対する SLD 木は，以下の条件を満たす木である。

1. 木の根はゴール G である
2. 木の各ノードは融合節である
3. 融合節

    $$\Leftarrow A_1 \wedge \ldots A_i \wedge \ldots \wedge A_m$$

    を持つノードにおいて，A_i を選択された原子文とすると，A_i と融合可能な頭部を持つ各入力節

    $$A \Leftarrow B_1 \wedge \ldots \wedge B_n \in P$$

    との融合節

    $$\Leftarrow (A_1 \wedge \ldots A_{m-1} \wedge B_1 \wedge \ldots \wedge B_n \wedge A_{m+1} \wedge \ldots \wedge A_m)\theta$$

    がその子である

SLD 木の終端ノードは，空節か，選ばれた原子文と融合可能な頭部をもつ入力節が一つも存在しない場合のいずれかである。また，木の根から終端ノードに至るパスは，それぞれ完結した証明過程を表す。木の根から空節に至るパスは，成功した証明を表し，それ以外の終端ノードへのパスは，証明の失敗を表す。SLD 木が複数の空節を持つ場合，その証明問題は複数の解を持つことを表す。また，空節が一つもない場合，その証明問題は解がない，すなわち失敗し

たことを意味する。

SLD 融合法は，各ノードで融合すべき原子文を選ぶ選択関数に依存して，複数の SLD 木を持つ．7 章で述べる Prolog では，つねに左端の原子文を選択する．上の定義でいえば，A_1 を選択する．選択関数としては，このほかにも一番右の原子文を選んでもよいし，その都度ランダムに選んでもよい．

図 **6.1** に，本章の最初に示した血縁関係プログラムにおいて，子孫を求める質問 $\Leftarrow ancestor(namihei, Z).$ に対する SLD 木を示す．この図で，根から左の子をたどると，$\Leftarrow parent(namihei, Z)$ すなわち $namihei$ の子供を求めるゴールへの展開に進み，その下に Z の三つの解 $sazae, katsuo, wakame$ への代入を伴う空節が現れる．根から右の子をたどると，$namihei$ の孫を求めるノードへ展開される．このプログラムには親-子-孫の三代しか $parent$ 関係がないので，SLD 木もそれ以上の解を探すのに失敗する．

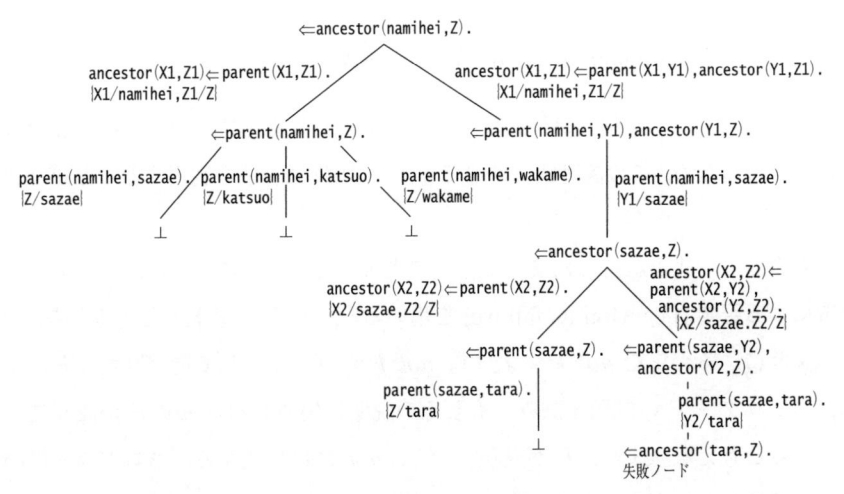

図 **6.1** 血縁関係プログラムでの子孫質問に対する SLD 木

6.4 一般論理プログラム

ホーン節では，プログラム節の本体部に負リテラルを置くことができない。このため，論理プログラムでは，「ある事実が成り立っていない」ということをルールの条件部で記述することができない。例えば，常識推論での有名な例に，「普通の鳥は飛ぶが，ペンギンは飛ばない」というのがあるが，論理プログラムではこのルールを表現できない。それは，「普通の鳥」，すなわち例外でない，ということが表現できないからである。上の例は「Xが鳥であり，それが例外でなければ飛ぶが，ペンギンは例外である」と言い換えることができるので，もし否定表現が可能であれば

$$fly(X) \Leftarrow bird(X), \neg abnormal\_bird(X)$$

のような表現が可能である。じつは，この論理式は以下のような節と等価である。

$$fly(X) \vee abnormal\_bird(X) \Leftarrow bird(X)$$

すなわち，この論理式は帰結部に二つ以上の原子文を持つので，確定節ではない。そのため，この論理式は前節で与えた SLD 融合法を利用することができない。

確定節の形式を維持したままで否定の表現を導入することを目的として，**失敗による否定** (negation as failure) を用いる。いま P をアトムとするとき，P の失敗による否定を $not\ P$ と表す†。$not\ P$ がゴールとして選ばれたなら，インタプリタは P の証明を試み，もしその説明に失敗したら $not\ P$ が成り立っていると考える。また，P が成功したら，$not\ P$ は失敗する。プログラム節の本体部に失敗による否定の出現を許した論理プログラムを**一般論理プログラム** (general logic program) と呼ぶ。本来，基礎原子文の真理値は，プログラム節の一部として定義されるべきであり，証明過程とは独立に決められなければな

---

† 失敗による否定を表すメタ述語 not の Prolog による定義は，7 章で与える。

らないものである．そのため，失敗による否定は述語論理を逸脱している．しかし，計算手続きがSLDの単純な拡張で実現できることと，この表現が非単調論理の特別な場合になっていることから，この概念の重要性が認識されている．

以下に，上で述べた常識推論の完全なプログラムを示す．

プログラム 6-2

$fly(X) \Leftarrow bird(X) \land not\ abnormal\_bird(X),$
$abnormal(X) \Leftarrow penguin(X),$
$bird(john),$
$bird(tweety),$
$penguin(tweety)$

このプログラムに対して，ゴール

$\Leftarrow fly(tweety)$

の証明を行うと，はじめに

$\Leftarrow bird(tweety) \land not\ abnormal\_bird(tweety)$

が得られ，この最初のサブゴール $bird(tweety)$ はただちに成功するが，問題はそのつぎである．すなわちサブゴール $not\ abnormal\_bird(tweety)$ が成り立っているか否かを調べるために，$\Leftarrow abnormal\_bird(tweety)$ の証明を試みる．プログラムを見ればわかるように，その証明は成功する．そのため，サブゴール $not\ abnormal\_bird(tweety)$ は満たされない．なぜならば，失敗による否定が成り立たないからである．結論として，ゴール $\Leftarrow fly(tweety)$ は成り立たないことが示された．すなわち，$tweety$ はペンギンなので飛べない．

■ 一般論理プログラムの意味論

確定プログラムの意味論は，最小モデルによって与えられ，T_Pオペレータによってボトムアップに計算することができたが，一般論理プログラムでは，事情が異なる．第1に，一般論理プログラムに対して，一般には最小モデルは存在しない．その代わり，いくつかの極小モデルが存在する．さらに，T_Pオペレータのような単純な計算によってモデルを求めることができない．それは，一般論理プログラムの中に含まれる失敗による否定に起因する．失敗による否定の

計算を行うためにはモデルが必要であるが，そのモデルは，プログラムから決まるべきものである。

この困難な問題を回避しているのが，以下に定義する**安定モデル** (stable model) である。

● **定義 6.6** （安定モデル）　P を一般論理プログラムとして，P のすべての節は基礎節とする。任意の基礎原子文の集合 $\mathbf{M}$ に対して，$P_\mathbf{M}$ を P から以下のものを削除して得られるプログラムとする。

1. $A \in M$ のとき，失敗による否定 $not\ A$ を含む各ルール
2. 残ったルール中のすべての失敗による否定

もし，$P_\mathbf{M}$ の最小モデルが $\mathbf{M}$ に一致したならば，$\mathbf{M}$ は P の**安定モデル**である。

この定義では，まず初めに適当なモデル候補 $\mathbf{M}$ を用意する。そして，その $\mathbf{M}$ に含まれるか否かで失敗による否定の成否を判定する。すなわち，もし A が $\mathbf{M}$ に含まれていれば，A が $\mathbf{M}$ で成り立っているので，$not\ A$ は成り立たなくなる。そのため，$not\ A$ が含まれるルールを削除しなければならない。残ったルールに現れる失敗による否定はすべて成り立っていることがわかるので，それはプログラム中から除いて構わない。こうして得られたプログラムが $P_\mathbf{M}$ である。$P_\mathbf{M}$ は確定プログラムなので，その最小モデルを求めることができるが，それが $\mathbf{M}$ に一致すれば，それを元のプログラムのモデルと考えてよいであろう。それが安定モデルである。

安定モデルを求めるためには，すべての節は基礎節でなければならない。もし，与えられたプログラムが変数を含んでいれば，それらにエルブラン領域の要素を代入して，基礎化しなければならない。一般論理プログラム P_{fly} を例として，安定モデルを求めてみよう。

★ **例 6.3** ★　　一般論理プログラム P_{fly} の安定モデル

6.4 一般論理プログラム

P_{fly}:

$\{(fly(X) \Leftarrow bird(X), not\ abnormal\_bird(X)),$

$(abnormal\_bird(X) \Leftarrow penguin(X)),$

$bird(john),$

$bird(tweety),$

$penguin(tweety)\}$

P_{fly} の基礎化

$P_{fly}\text{-}ground:$

$\{(fly(john) \Leftarrow bird(john), not\ abnormal\_bird(john)),$

$(fly(tweety) \Leftarrow bird(tweety), not\ abnormal\_bird(tweety)),$

$(abnormal\_bird(john) \Leftarrow penguin(john)),$

$(abnormal\_bird(tweety) \Leftarrow penguin(tweety)),$

$bird(john),$

$bird(tweety),$

$penguin(tweety)\}$

モデル候補 **M:**

$\mathbf{M} = \{bird(john), bird(tweety), penguin(tweety),$

$fly(john), abnormal\_bird(tweety)\}$

$A = abnormal\_bird(tweety)$ とすると, 第 2 の節は $not\ A$ を含むので, この節を除く。

6. 論理プログラム

$\{(fly(john) \Leftarrow bird(john), not\ abnormal\_bird(john)),$

$abnormal\_bird(john) \Leftarrow penguin(john)),$

$abnormal\_bird(tweety) \Leftarrow penguin(tweety)),$

$bird(john),$

$bird(tweety),$

$penguin(tweety)\}$

このプログラムから，失敗による否定リテラルを除く．

$P_{fly}\text{-}groundM:$

$\{fly(john) \Leftarrow bird(john),$

$abnormal\_bird(john) \Leftarrow penguin(john),$

$abnormal\_bird(tweety) \Leftarrow penguin(tweety),$

$bird(john),$

$bird(tweety),$

$penguin(tweety)\}$

$P_{fly}\text{-}groundM$ の最小モデル $\mathbf{M'}$ は

$\mathbf{M'} = \{bird(john), bird(tweety), penguin(tweety),$

$fly(john), abnormal\_bird(tweety)\}$

$\mathbf{M'}$ は，$\mathbf{M}$ に一致するので，$\mathbf{M}$ は $P_{fly}\text{-}ground$ の安定モデルである．

安定モデルは，上に述べたように，一般には複数存在する．それは，最初の $\mathbf{M}$ の選び方による．以下に，極小モデルが複数ある一般論理プログラムの例を与える．

★ 例 6.4 ★　　複数の極小モデルを持つ一般論理プログラム G

$\{(p \Leftarrow not\ q), (q \Leftarrow not\ p)\}$

モデル候補 M_1 は

$$M_1 = \{p\}$$

$A = p$ とすると，第 2 の節は $not\ A$ を含むので，この節を除く．

$$\{(p \Leftarrow not\ q)\}$$

このプログラムから，失敗による否定リテラルを除く．G_M は

$$\{(p \Leftarrow)\}$$

G_M の最小モデルは $\{p\}$ なので，これは M_1 に一致し，したがって，M_1 は安定モデルである．

同様に，$M_2 = \{q\}$ として同じ手続きを行うと，M_2 も安定モデルであることがわかる．したがって，一般論理プログラム G は二つの安定モデルを持つ．

演 習 問 題

【1】 以下の述語文の中から，ホーン節，あるいはホーン節集合を選びなさい．また，選ばれたホーン節を確定節，ゴール節，空節に分類しなさい．
  (1) $p \vee \neg q$
  (2) $p \wedge \neg q$
  (3) $p \Leftarrow q$
  (4) $p \Leftarrow \neg q$
  (5) $\Leftarrow p \wedge q$
  (6) $\Leftarrow \neg p \wedge \neg q$
  (7) $\Leftarrow \neg p \vee \neg q$
  (8) $\Leftarrow p \wedge \neg p$
  (9) $\Leftarrow p \vee \neg p$

【2】 確定プログラム

$$P = arc(a,b), arc(b,c), arc(c,d), arc(e,c), (path(X,Z) \Leftarrow arc(X,Z)),$$
$$(path(X,Z) \Leftarrow arc(X,Y), path(Y,Z))$$

に対して，以下の問いに答えなさい．
（1）プログラム P に対するエルブラン領域 HU_P を求めなさい．
（2）プログラム P に対するエルブラン基底 HB_P を求めなさい．
（3）プログラム P のエルブランモデル

$$\mathbf{M}_P = \{arc(a,b), arc(b,c), arc(c,d), arc(e,c), path(a,b), \\ path(b,c), path(c,d), path(e,c), path(a,c), path(b,d), \\ path(e,d), path(a,d)\}$$

が最小エルブランモデルであることを証明しなさい．また，最小でないエルブランモデルには，どんなものがあるか．
（4）プログラム P に対する，$ground(P)$ を求めなさい．
（5）プログラム P に対する T_P オペレータの不動点を求め，その結果が最小エルブランモデルに一致することを確かめなさい．

【3】以下の一般論理プログラム Q の安定モデルを求めなさい．

$$\{Q = (r(X) \Leftarrow \neg p(X) \wedge q(X)), p(a), q(b)\}$$

COMPUTER SCIENCE TEXTBOOK SERIES

7 論理プログラミング言語 Prolog

Prolog は Lisp と同様に，自然言語の構文解析や，エキスパートシステムのルールに基づく推論のような，複雑な構造を持った記号データの処理に威力を発揮するプログラミング言語である．本章では，データベース，およびリスト処理の例を用いて，Prolog 言語の概要を紹介する．さらに詳しい Prolog の解説は，文献25), 26) を参照のこと．

7.1 Prolog とは

Prolog という名前は **PRO**gramming in **LOG**ic に由来するといわれており，実際 Prolog は，述語論理に基づくプログラミング言語である．また Prolog の実行メカニズムは，述語論理の演繹法の一つである融合法に基づいている．そのため，論理に基づく推論に適合し，8 章，および9 章で紹介する発想論理プログラムおよび帰納論理プログラミングで重要な役割りを演じる．事実，発想論理プログラムは，Prolog の拡張とみなすことが出来る．また，帰納論理プログラミングでは，その入力である事例や背景知識，および出力である仮説の表現言語となっていると同時に，帰納推論の際必要となる様々な処理を実現するのにも利用されている．Prolog のような論理に基づくプログラミング言語を**論理プログラミング言語**と呼ぶが，これらの言語が C 言語などの手続き型プログラミング言語と決定的に違う点は，処理の手順 (HOW) を記述するのではなく，対象となるデータ間に成り立つべき関係 (WHAT) を記述する点である．すなわち，細かい処理手続きなどを記述する必要はなく，成り立っている事実（ファ

クト)とその間の関係(ルール)のみを記述することによりプログラミングを行うことができる。したがって,出来上がるプログラムも宣言的に読むことができる。またこのことは,Prolog が**知識表現言語**の側面を持つことを意味している。

Prolog の生い立ち

Prolog は Alain Colmerauer によって開発されたプログラミング言語である。当初,彼はカナダで天気予報の英仏翻訳システムの研究に従事していた。そのときに開発した METEO と呼ばれる構文解析システム[27] が Prolog 自身である。これが,1970 年代の初頭である。当時,彼と Aix Marseille 大学の仲間たちは,Prolog のプログラミング言語としての能力を完全に理解していたわけではない。彼ら自身から直接聞いた話だが,いまではどの Prolog の教科書にも出てくる append プログラムを発見(!)するのに,3 か月を要したということである。このときに,初めて,本当のプログラミング言語 Prolog が誕生したといえるであろう。Prolog と論理学の厳密な関係は,1974 年の IFIP Congress に発表された Robert Kowalski と Maarten Van Emden による意味論の研究[28] を待たなければならない。さらに,本当に実用的なプログラミング言語としての Prolog は,D.H.D. Warren による Prolog コンパイラの開発後である。彼は,Warren Abstract Machine (WAM) と呼ばれる,Prolog の処理に適した抽象機械語を導入した[29]。その機械語へのコンパイラを書いたのである。それが DEC10 Prolog と呼ばれるものであり,1975 年に開発され,後に Quintus Prolog, SICSTUS Prolog へと継承された。

7.2 Prologによる簡単なデータベースの作成

Prologプログラムの概略を説明するために，Prologによる血縁関係のデータベースの例をプログラム **7-1** に示す。

プログラム 7-1

```
parent(mary,tim).        parent(mary,sally).
parent(bob,tim).         parent(bob,sally).
parent(jack,jimmy).      parent(betty,jimmy).
parent(sam,peg).         parent(jane,peg).
parent(tom,mary).        parent(tom,jane).
parent(tom,jack).        parent(joseph,tom).
parent(joseph,peter).    parent(peter,joan).
parent(ellen,joan).      parent(virginia,tom).
parent(virginia,peter).  parent(martin,joseph).
parent(cathy,joseph).
female(mary).   female(sally).    female(jane).
female(betty).  female(virginia). female(peg).
female(cathy).  female(ellen).    female(hellen).
male(tim).      male(tom).        male(bob).
male(sam).      male(jack).       male(jimmy).
male(peter).    male(joseph).     male(martin).
male(joan).

father(X,Y):- parent(X,Y), male(X).
mother(X,Y):- parent(X,Y), female(X).
grandfather(X,Y):- father(X,Z),parent(Z,Y).
grandmother(X,Y):- mother(X,Z),parent(Z,Y).
sibling(X,Y):- parent(P,X),parent(P,Y),X\==Y.
uncle(X,Y):- parent(P,Y),sibling(P,X),male(X).
aunt(X,Y):- parent(P,Y),sibling(P,X), female(X).
cousin(X,Y):- parent(XP,X),parent(YP,Y),sibling(XP,YP).
```

ここで，Prolog特有のホーン節の表記法について説明する。まず，含意の帰結（**頭部**）を必ず左辺に置き，前提（**本体部**）は右辺に置く。そして，含意記

号は "⇐" の代わりに ":-" を用いる．また，右辺の前提が複数のリテラルの論理積のとき，論理積の記号として，"∧" の代わりに "，"（カンマ）を用いる．また，各節の最後に "．"（ピリオド）を置く．簡略表現として，前提が "true" のとき，":-true" は省略できる（最後の "．" は省略できない）．大文字のアルファベットで始まる文字列が変数を表し，小文字のアルファベットで始まる文字列あるいは数字が定数を表すのは，これまでと同じである．

　ここで，Prolog の構文規則を与えよう．Prolog プログラムは，手続き定義を表す**プログラム節**の集合と，質問を表す**ゴール節**とからなる．また，プログラム節，ゴール節は，ともにホーン節である．プログラム節は，前章で定義した確定節と同じである．ここでは，プログラミング言語での役割を強調して，プログラム節と呼ぶことにする．プログラム節は，さらに**ファクト**と**ルール**に分けられる．ファクトは含意の条件部が空 (true) で，かつ，基礎原子文のみからなる節であり，ルールは，それ以外の一般のプログラム節である．ゴール節の空の帰結は，"false" を省略したものと考えられる．Prolog のゴール節の名前の由来は，ゴール–サブゴールによるトップダウン的問題解決戦略からきている．すなわち，解くべき問題はゴールとして与えられ，Prolog のルールを用いて，それが一連のサブゴールに展開されることを繰り返して問題解決が図られる．

　つぎに，この血縁関係データベースへの問合せを考える．プログラム 7-1 にあるプログラムを Prolog システムに登録すると，"?-" というプロンプトが出力され，ユーザに対する「入力待ち」の状態になる．この状態で，例えば

　　　?- parent(mary,tim).

と入力すると，Prolog は，"yes" と返事を返す．これは，ユーザによって与えられた「mary は tim の親であるか？」という問いに対して，Prolog がその事実が成り立つという結果を返しているのである．この "?-" は，":-" を表す記号であり，質問 "?- parent(mary, tim)．" は，論理的には "$\Leftarrow parent(mary, tim)$" というゴール節を表している．同様に

7.2 Prologによる簡単なデータベースの作成

```
?- father(bob, tim).
?- mother(sam, peg).
?- sibling(mary, jack).
```

と質問すると，それぞれ"yes"，"no"，"yes"のように，それぞれ事実が成り立つ，成り立たない，成り立つ，という結果を得ることができる．このように，Prologではゴール節を用いて質問を提示する．

また，Prologでは，単に事実の成否を問う質問だけではなく，「maryの子供はだれであるか？」というような，解を得る質問も提示できる．この質問は

```
?- parent(mary, X).
```

というように，変数を含んだゴール節により表現される．この質問に対してPrologは

```
X = tim
```

という結果を返してくれる．すなわち，「maryの子供はtimである」という検索結果が得られたわけである．またさらに，ほかに子供がいないかを確かめるためには，この状態で";"（セミコロン）を入力してやればよい．この操作により

```
X = sally
```

が得られ，timのほかにもsallyがmaryの子供であることがわかる．さらに，ほかの可能性を探るために";"を入力すると

```
no
```

と表示され，ほかの可能性がないことが知らされる．つぎに，もう少し複雑な質問を提示してみよう．Prologに対して，以下のようなゴール節を実行する．

```
?- sibling(mary,X), male(X).
```

この質問は，maryの兄弟姉妹で，かつ，男性である人を求めよ，すなわち，「maryの男兄弟を求めよ」という質問であり，結果としてX = jackが得られる．また

```
?- father(F,joan), mother(M,joan).
```

と質問すれば

```
        F = peter, M = ellen
```
となり，joan の両親を一度に得ることもできる．

　以上のように，Prolog では事実の成否を問う **Yes-No 型**の質問文と，答えを得る **What 型**の質問文を提示することができる．Yes-No 型の質問文は，基礎リテラルにより表現され，また，What 型の質問文は変数を含んだ形式となる．さらに，複数のリテラルを"，"で並べることで，複数の条件を伴う複雑な問合せも行うことができる．

7.3　再　帰　関　係

　ここで，祖先の定義 ancestor について考えてみよう．ある人の祖先とは，親，親の親，親の親の親，親の… の親のように，親という基本的な関係を幾重にも重ねてたどり着ける血縁関係にある人のことである．このことに基づいてancestor の定義をすると

プログラム 7-2
```
ancestor(X, Y):- parent(X, Y).
ancestor(X, Y):- parent(X, N1), parent(N1, Y).
ancestor(X, Y):- parent(X, N1), parent(N1, N2), parent(N2, Y).
                     ………
ancestor(X, Y):- parent(X, N1), …, parent(Nn, Y)
```

となるであろう．しかし，見てもわかるように，ルールの数が膨大になってしまうこと，さらには最大何回 parent の関係を繰り返せばよいのかもわからないという問題がある．実際，正確な祖先の定義のためには無限個のルールが必要となってしまい，parent という基本的な関係のみで祖先のルールを記述することは不可能である．この問題を解決するために，**再帰ルール**を導入する．再帰ルールとは，ある述語を記述するのに，その述語自体を利用するルールのことである．再帰ルールを利用した ancestor の定義は以下のようになる．

プログラム 7-3

```
ancestor(X, Y):- parent(X, Y).
ancestor(X, Y):- parent(X, Z), ancestor(Z, Y).
```

このルールでは，ancestor を定義するのに，その本体部で ancestor を利用している。すなわち ancestor の再帰的なルールとなっている。このルールを解釈してみると，まず第1節は，「もし X が Y の親ならば，X は Y の祖先である」と読むことができる。また第2節は，「もし X が Z の親で，かつ Z が Y の祖先であれば，X は Y の祖先である」となる。すなわち，Y の祖先 (Z) の親 (X) は Y にとって祖先であるということを表しており，ancestor の正確な定義となっていることがわかるであろう。また

```
?- ancestor(tom,X).
```

のように，tom の子孫を求める質問を提示することで

```
X = mary
```

という結果が得られる。また，この状態で ";" を入力し，ほかの可能性を調べることで，mary のほかにも，jane, jack, tim, sally, peg, jimmy が tom の子孫であることがわかる。

Prolog における証明過程とプログラムの実行を直観的に結び付けるためには，ゴール節に現れる各リテラルをプログラムにおける手続き呼出しと考えればよい。すなわち，証明過程における融合操作を，サブルーチンの実行と見なすのである。

ところで，SLD 融合法では，ゴール節のどのリテラルと知識ベース中のどの文をどの順序で融合するかは適当に決めてよい[†]。すなわち，どのような順序で選択しても，完全性が保証されているのである。このため，Prolog では，以下に示す戦略で，融合する節の選択，すなわち，手続き呼出しが行われる。ゴール節により起動される Prolog 実行においては，ゴール節の左から順に融合操作，すなわち，手続き呼出しが行われる。各リテラルの述語記号と引数は，そ

[†] SLD の S は selective function の意味であり，ゴール節中のつぎに消去されるべきリテラルを選ぶ関数を適当に与えてよいことを示している。

れぞれ呼び出すべき手続きの名前と実引数を表す．一方，知識ベース中の融合される節，つまり呼び出される手続きは，知識ベース中に書いてある順に選択される．また，各節の頭部のリテラルが手続きの名前と仮引数の定義を与える．すなわち，ゴール節では「左から右」の順で，知識ベースでは「上から下」の順で融合するリテラル，節が選択されるのである．

では，具体例で，この Prolog の実行過程をトレースしてみよう (図 **7.1**)．いま，プログラム 7-1 の血縁関係データベースにおいて

　　　?- father(peter, joan), mother(ellen, joan).

というゴール節の実行を考える．まず，ゴール節の最左リテラル father(peter, joan) と単一化可能なリテラルを頭部に持つ節を知識ベース中の上から探す．この場合，father(X, Y):- parent(X, Y), male(X). が（頭部の father(X, Y) が father(peter, joan) と単一化可能なので）選択される．そして，ゴール節と選択された節を融合し，代入 {X/peter, Y/joan} を施すことで新たなゴール節

　　　?- parent(peter, joan), male(peter), mother(ellen, joan).

を得る．この操作は，論理の観点からは融合操作であるが，プログラム実行の観点からは，もともとのゴール節の peter, joan を実引数，選択された節の X, Y を仮引数，代入操作を引数の受け渡しとし，father(X,Y) を頭部に持つ手続きが呼び出されたことに対応する．さらに，問題解決の観点からは，ゴール father(peter, joan) がサブゴール parent(peter, joan), male(peter) に展開されたことに対応する．

実行のつぎの段階では，新たに得られたゴール節の最左リテラル parent(peter, joan) と融合可能な節を知識ベース中から選択する．この例では，parent(peter, joan). という節が知識ベース中から選択され，融合操作が行われる．その結果

　　　?- male(peter), mother(ellen, joan).

というさらに新たなゴール節が作られる．以下，同様の操作を続けていくと，最終的にゴール節が空となる．この段階で Prolog の実行が終了し，Prolog は反駁証明が成功したことを意味する "yes" を返す．

```
?-father(peter,joan), mother(ellen,joan).
        │
        │    ┌─ father(X,Y):- parent(X,Y), male(X).
        ↓    │    X/peter,Y/joan
?-parent(peter,joan),male(peter),mother(ellen,joan).
        │
        │    ┌─ parent(peter,joan).
        ↓
?-male(peter),mother(ellen,joan).
        │
        │    ┌─ male(peter).
        ↓
?-mother(ellen,joan).
        │
        │    ┌─ mother(A,B):-parent(A,B),female(A).
        ↓    │    A/ellen,B/joan
?-parent(ellen,joan),female(ellen).
        │
        │    ┌─ parent(ellen,joan).
        ↓
?-female(ellen).
        │
        │    ┌─ female(ellen).
        ↓
    ?
```

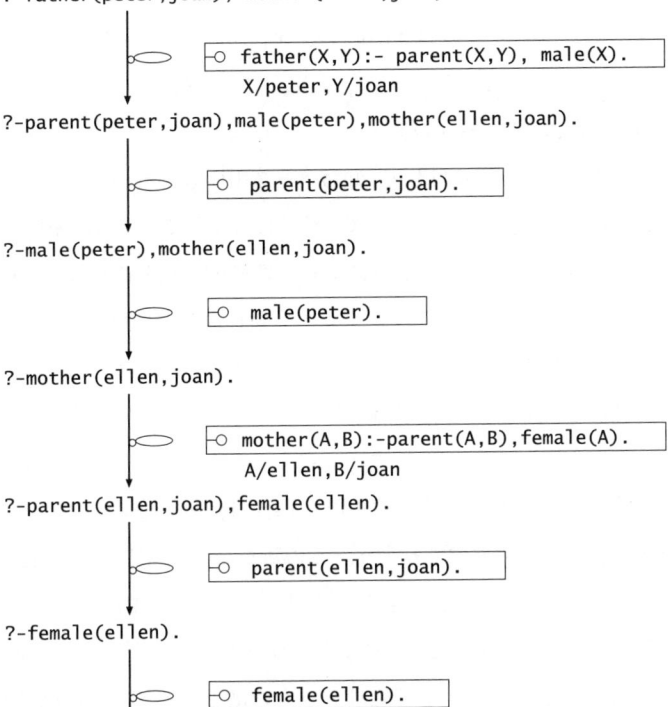

図 7.1　Prolog の実行

この Prolog の実行を図で表すと図 7.1 となる。

7.3.1　バックトラック

つぎに，プログラム 7-1 の血縁データベースに対して

　　?- father(F,C).

というゴール節を実行することを考えてみよう。この節は，データベース中から父親と子供の組を取り出す質問である。まず，知識ベース中の father(X_1, Y_1):-parent(X_1, Y_1), male(X_1). が呼び出される。このとき，呼出しごとにすべて

の変数が新たな変数に改名される[†1]。いま，X を X_1 に，Y を Y_1 に改名したとしよう。すると，このルールは father(X_1,Y_1):-parent(X_1,Y_1),male(X_1). となる。このとき，代入 $\{F/X_1, C/Y_1\}$ より，ゴール節

?- parent(X,Y), male(X).

が得られる。このゴール節に対して，知識ベース中の parent すべてが単一化可能であるが，先述したとおり，知識ベースに最初に書かれている parent(mary,tim) が選ばれ，代入 $\{X/mary, Y/tim\}$[†2]により，ゴール節 male(mary). が得られる。しかしながら，この選択は決定的ではなく，もし推論が失敗した場合，parent のほかの可能性と融合する準備をしている。このようにいくつかの融合の可能性を持った呼出し点のことを**分岐点**と呼ぶ。分岐点でのゴール呼出しは，たとえそれが成功したとしても，その成功は完全なものとはいえない。新たに得られたゴール節が失敗したら，その解や融合操作は無効となる。

では，Prolog の実行を続けてみよう。この新たなゴール節 male(mary) は，知識ベース中に呼び出せる（融合できる）節がないので失敗する。このように，あるゴール節の実行が失敗するとき，**バックトラック**が起きる。バックトラックにより，Prolog は直前の分岐点まで処理をさかのぼることになる。図 **7.2** にこのプログラムの実行の様子を示すが，この図で分岐点は，融合を表す ∨ 記号の右の枝に結び目をつけて示してある。そして，その分岐点でほかの可能性を確かめるために別の手続き呼出しを行う。今回の場合は，直前の分岐点は parent(X,Y). の選択であるので，そこまで戻り，parent(mary,tim) のつぎに知識ベースに格納されている parent(mary,sally) が選択される。図ではバックトラックで呼び出されている節の集合に結び目をつけて示している。代入の結果，ゴール節 male(mary) が得られ，実行されるが，このゴール節は先ほどのゴール節と同様に失敗するので，またバックトラックにより，parent(X,Y) の選択が行われる。

[†1] 節の変数はもともと全称限量されているので，改名しても構わない。また，あるゴールが同一のルールを 2 回以上呼び出す場合，それらを同一の変数にしたまま処理を行うと不都合が生じる。

[†2] 代入は引数の引き渡しと対応するが，この場合のように実引数が変数の場合は，ポインタの受け渡しに対応する。

7.3 再帰関係

```
?-father(F,C).
        │
        ├──○ father(X,Y):-parent(X,Y),male(X).
        │     F/X,C/Y
        ▼
?-parent(X,Y),male(X).
        │
        ├──○ parent(mary,sally).
        │
        ├──○ parent(mary,tim).
        │     X/mary,Y/tim
        ▼
?-male(mary).
        │
       fail
        │
        ├──○ parent(bob,tim).
        │
        ├──○ parent(mary,sally).
        │     X/mary,Y/sally
        ▼
?-male(mary).
        │
       fail
        │
        ├──○ parent(bob,sally).
        │
        ├──○ parent(bob,tim).
        │     X/bob,Y/tim
        ▼
?-male(bob).
        │
        ├──○ male(bob).
        ▼
        ?
```

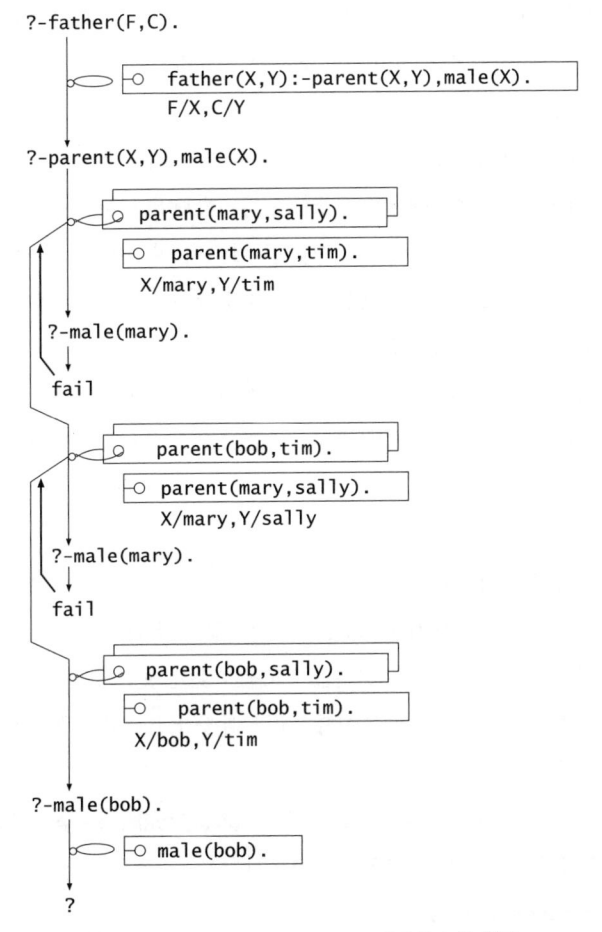

図 **7.2** バックトラックによる再計算の模式図

今度は，parent の 3 番目 parent(bob,tim) が呼び出され，ゴール節 male(bob) が得られる．ゴール節 male(bob) は知識ベース中にあるのでその実行は成功し，最終的に最初のゴール節に対する代入 {F/bob, C/tim} より

    F = bob, C = tim

が得られる．また，この時点で ";" を入力すると，強制的にバックトラックが発生する．バックトラックにより，直前の分岐点である male(bob) の呼出しまで戻るが，これはほかに成功する節がないので再び失敗する．つぎに，その前

の分岐点であるparent(X_1,Y_1)の選択のところまで戻り，parentの選択をやり直す．今度は，parent(bob,sally).が選ばれ，male(bob)が実行されることになる．結果として

   F = bob, C = sally

が得られる．図7.2では，融合の可能性を持った呼出しをカードの束としてとらえ，表現している．手続き呼出しの終了に伴い，束から使われたカードが外される．そして残ったカードの束が，バックトラックによる手続き呼出しのやり直しに利用されることになる．

このように実際のPrologの実行は，「左から右」，「上から下」の順で手続き呼出しと，呼び出される節が選択され，必要に応じてバックトラックを行いながら処理が進んでいく．

7.3.2 再 帰 呼 出 し

つぎに，再帰ルールを含むPrologプログラムの実行を考えてみよう．再帰ルールは，通常のプログラミング言語での繰り返し文に相当している．実際，再帰ルールを用いると，自分自身が繰り返し呼び出されることがわかる．以下に，再帰問合せの例を示す．

いま，プログラム7-1の血縁関係データベースに祖先関係を表す述語ancestorの定義（**プログラム7-3**）を加えたものを対象に，

  ?- ancestor(tom,D)

というゴール節の実行を考える．この実行のトレースを(**図7.3**)に示す．

まず，知識ベース中のancestor(X,Y):-parent(X,Y).が呼び出され，代入{X/tom, Y/D}より，ゴール節

  ?- parent(tom,D).

が得られる．そして，知識ベース中のparent(tom,mary).が呼び出され，{D/mary}により，最終的にD=maryが得られる．ここで";"を入力し，バックトラックを起こさせることで，知識ベース中で，parent(tom,Y).と単一化可能なほかの節，parent(tom,jane).やparent(tom,jack).が選択され，結果とし

7.3 再帰関係

```
?-ancestor(tom,D).
    ancestor(X,Y):-parent(X,Z),ancestor(Z,Y).
      ancestor(X,Y):-parent(X,Y).
         X/tom,Y/D
?-ancestor(tom,D).
         parent(tom,jane).
           parent(tom,mary).
         D/mary
?   D=mary;
         parent(tom,jack).
           parent(tom,jane).
         D/jane
?   D=jane;
         parent(joseph,tom).
           parent(tom,jack).
         D/jack
?   D=jack;
      ancestor(X,Y):-parent(X,Z),ancestor(Z,Y).
         X/tom,Y/D
?-parent(tom,Z),ancestor(Z,D).
         parent(tom,jane).
           parent(tom,mary).
         Z/mary
?-ancestor(mary,D).
      ancestor(X,Y):-parent(X,Z),ancestor(Z,Y).
         ancestor(X,Y):-parent(X,Y).
```

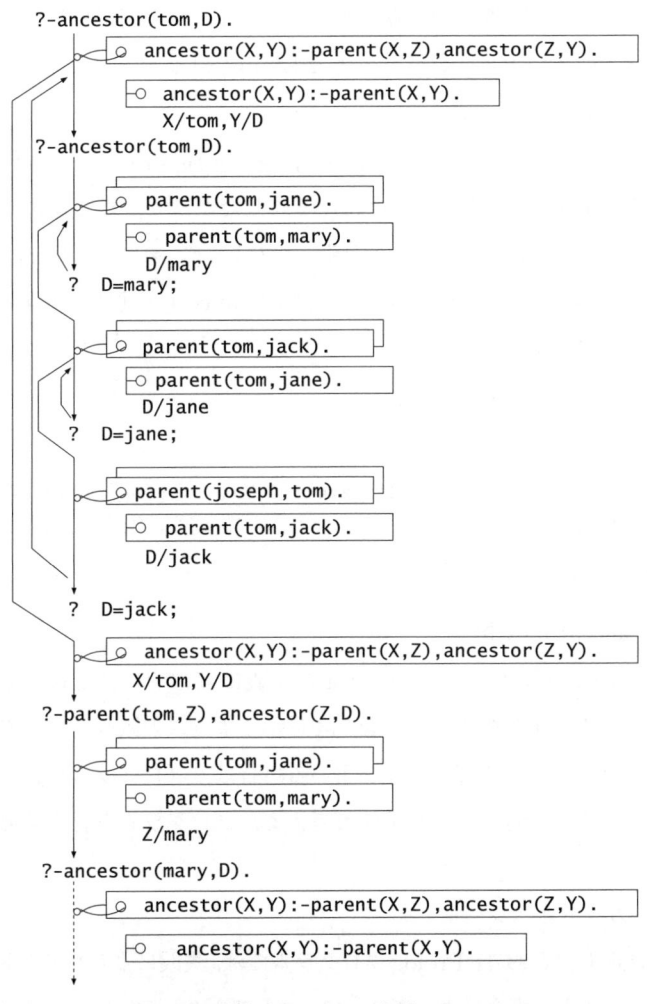

図 **7.3** 再帰プログラムの実行のトレース

て D=jane や，D=jack が得られる．

さらに，バックトラックをさせることで，今度は知識ベース中の ancestor(X,Y):-parent(X,Z),ancestor(Z,Y). が選択される．代入 $\{X/tom, Y/D\}$ より，ゴール節

```
?- parent(tom,Z), ancestor(Z,D).
```

が得られる．このゴール節の最左リテラルは，先ほどと同様に知識ベース中の parent(tom,mary). と単一化され，代入 {Z/mary} より，新たなゴール節

?- ancestor(mary,D).

が得られ，実行が続いていく．すなわち，ゴール節 ancestor の実行中に，またゴール節 ancestor が現れることになる．したがって，また知識ベース中の ancestor 述語が呼び出されることになる．このように，再帰ルールを含む Prolog プログラムの実行では，自分自身（この例では ancestor 述語）が繰り返し呼び出されることになる．

では，つぎに ancestor の定義を

プログラム 7-4

```
ancestor(X,Y):- ancestor(X,Z),parent(Z,Y).   （親の祖先は祖先である）
ancestor(X,Y):- parent(X,Y).                 （親は祖先である）
```

とした場合のゴール節

?- ancestor(A,D).

の実行を考えてみよう．この ancestor の定義は宣言的には正しいものであるが，プログラムの実際の実行は，図 7.4 に示すように無限ループに陥ってしまう．このように，特に再帰ルールを用いる場合は，プログラムの宣言的な意味のほかに，その実行過程や実行戦略も考えて，プログラムを行う必要がある．

7.3.3 カットオペレータ

すでに説明したとおり，Prolog プログラムでは，失敗によりバックトラックが発生する．しかし，場合によっては，バックトラックしないほうが都合がよい場合もある．そのようなときに利用されるのが**カットオペレータ**である．Prolog プログラムにおいてカットオペレータは "!"（エクスクラメーションマーク）で表され，その役割はバックトラックを禁止することである．すなわち，カットオペレータは，分岐点におけるそのほかの可能性を，その名のとおりカットする働きを持つ．

まず形式的に，カットによりどの部分のバックトラックが禁止されるかにつ

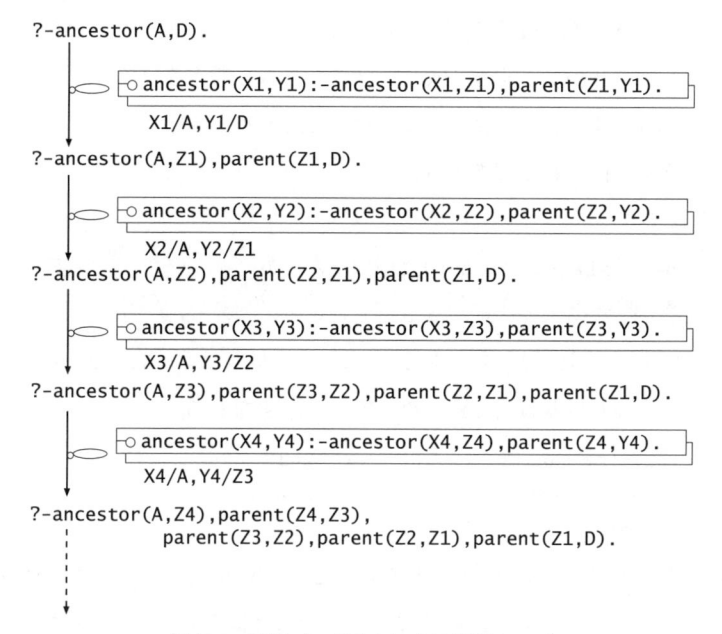

```
?-ancestor(A,D).
       ┌─ ancestor(X1,Y1):-ancestor(X1,Z1),parent(Z1,Y1).
       │  X1/A,Y1/D
?-ancestor(A,Z1),parent(Z1,D).
       ┌─ ancestor(X2,Y2):-ancestor(X2,Z2),parent(Z2,Y2).
       │  X2/A,Y2/Z1
?-ancestor(A,Z2),parent(Z2,Z1),parent(Z1,D).
       ┌─ ancestor(X3,Y3):-ancestor(X3,Z3),parent(Z3,Y3).
       │  X3/A,Y3/Z2
?-ancestor(A,Z3),parent(Z3,Z2),parent(Z2,Z1),parent(Z1,D).
       ┌─ ancestor(X4,Y4):-ancestor(X4,Z4),parent(Z4,Y4).
       │  X4/A,Y4/Z3
?-ancestor(A,Z4),parent(Z4,Z3),
         parent(Z3,Z2),parent(Z2,Z1),parent(Z1,D).
```

図 **7.4** 再帰プログラムによる無限ループ

いて見てみよう．カットオペレータは，その節が呼び出されてからカットが現れるまでのすべての分岐点での残された分岐を切り取る．より具体的にいえば，カットを含んだ節の頭部の述語名を p とすると

1. p が呼び出されてから，! までのリテラルに対する選択肢
2. p を頭部に持つ，その節より下に現れるすべての節

がカットの対象となる．すなわち

```
p :- q11, q12.
p :- q21, q22, !,  q23, q24.
p :- q31, q32, q33.
```

の四角で囲まれた部分がカットされ，バックトラックの対象から外される．カットは効率の良いプログラムを書くときには欠かせない述語であるが，そのほかにも，IF THEN ELSE 文や否定の実現に利用されるのが一般的である．以下に，カットの利用例を示す．

(a) IF THEN ELSE 文 　数値で与えられる，第 1 引数と第 2 引数の大きいほうを第 3 引数へ返す Prolog プログラムを考える（第 1 引数と第 2 引数が等しい場合は，第 2 引数を第 3 引数へと返すとする）。すると，以下のようなプログラムが得られるであろう。

プログラム 7-5

```
(1)    greater_than(X, Y, Z):- X > Y, Z = X.
(2)    greater_than(X, Y, Z):- X =< Y, Z = Y.
```

このプログラムは，(1) もし X が Y より大きければ Z=X, (2) もし Y が X より大きいか等しければ Z=Y となっている。すなわち

```
    ?- greater_than(3, 1, Z).    →    Z=3.
    ?- greater_than(1, 2, Z).    →    Z=2.
    ?- greater_than(2, 2, Z).    →    Z=2.
```

となる。ところで，X が Y より大きいことと，Y が X より大きいか等しいことは，排他的な事柄であり，同時に成り立つことはない。したがって，このプログラムは

　　　IF X が Y より大きい **THEN** Z = X **ELSE** Z = Y.

のように，IF THEN ELSE 文を使って表すことができる。この IF THEN ELSE を Prolog ではカットを用いて以下のように表現する。

プログラム 7-6

```
greater_than(X,Y,Z):- X >Y, !, Z = X.
greater_than(X,Y,Z):- Z = Y.
```

このプログラムは，X が Y より大きかった場合，第 1 節のカットが実行される。それに伴い，その後のバックトラックによる，第 2 節の呼出しが禁止される。これにより X が Y より大きい場合には，第 2 節が呼び出されることはない。逆に Y が X より大きかった場合，第 1 節のゴール X>Y が失敗し，バックトラックにより第 2 節が呼び出される。このことから，このプログラムが IF THEN ELSE 文になっていることがわかるであろう。一般に，カットを用い

た IF THEN ELSE 文は，カットまでが IF 部，カットの後が THEN 部，カットを含む節に続く節が ELSE 部に当たる（図 **7.5**）。

$$\underbrace{\text{greater\_than(X,Y,Z):-X>Y}}_{\text{IF部}}\, ,!,\, \underbrace{\text{Z=X.}}_{\text{THEN部}}$$
$$\underbrace{\text{greater\_than(X,Y,Z):-Z=Y}}_{\text{ELSE部}}$$

図 **7.5** IF THEN ELSE 文

また，カットを含む節を順に並べることで，IF THEN ELSE IF … ELSE 文を作ることもできる。例として，西暦を入力して年号を返すプログラムをプログラム **7-7**，**7-8** に示す。また簡略化のため，それぞれの時代の範囲を～1867：江戸以前，1868～1911：明治，1912～1925：大正，1926～1988：昭和，1989～：平成以降とする。

プログラム 7-7

```
カットを利用しないプログラム
period(X,'江戸以前'):-
    X <1868.
period(X,'明治'):-
    1868 =< X, X =< 1911.
period(X,'大正'):-
    1912 =< X, X =< 1925.
period(X,'昭和'):-
    1926 =< X, X =< 1988.
period(X,'平成以降'):-
    1989 =< X.
```

プログラム 7-8

```
カットを利用したプログラム
period(X,Y):-
    X <1868,!, Y='江戸以前'.
period(X,Y):-
    X =< 1911,!, Y='明治'.
period(X,Y):-
    X =< 1925,!, Y='大正'.
```

```
period(X,Y):-
    X =< 1988,!, Y='昭和'.
period(X,Y):-
    Y='平成以降'.
```

（b）**失敗による否定**　Prologにおける否定(not)は，**失敗による否定**(negation as failure)であり，Pが失敗すればnot(P)を成功とし，逆にPが成功すればnot(P)を失敗とする操作を行う．すなわち，not(P)は

IF Pが成功 **THEN** not(P)は失敗 **ELSE** not(P)は成功

というIF THEN ELSE文として定義される．このことからわかるように，Prologにおける否定は，IF THEN ELSE文を実現するためのカット，および失敗を実現する組込み述語failを利用して実現される．実際には，以下のようなプログラムとなる．

プログラム 7-9

```
not(P):- P,!,fail.
not(P).
```

ここで，failは必ず失敗するという意味の組込み述語である．また，Pは"P自体を実行（証明）せよ"という意味である．このプログラムを見ると，第1節でもしP（の実行）が成功すれば，カットを呼び出し，さらにfailを呼び出す．failは必ず失敗し，バックトラックを引き起こすが，カットによりPとnot(P)のほかの可能性がカットされてしまっているので，結果としてnot(P)は失敗する．また逆に，第1節でPの実行が失敗すれば，第2節が呼び出され，not(P)は成功となる．

　ここで注意したいのは，述語notの引数がほかの文Pになっている点である．一階述語論理では，文自身を変数化することを禁じているが，Prologではこれを許している．ただし，その場合でも，文全体を変数とすることが許されるだけで，P(a)やP(X)のような表現は許されない．

7.4 Prologによるリスト処理

リストとは，Prologのデータ構造の一つで，要素の並びを表現する目的で利用される．また，Prologではリストを "[" と "]" により表現し，例えば，要素 mary, jack, jimmy の並びを [mary, jack, jimmy] と表現する．また，リストに含まれる要素の数をリストの長さという．例えば，リスト [mary, jack, jimmy] の長さは3である．また，要素を一つも持たないリストも存在する．長さが0の（つまり要素を持たない）リストのことを，空リストと呼び "[]" と表記する．

リストは，その要素にリストを持つこともできる．例えば，[mary, [tom, jimmy], joseph] は，2番目の要素としてリスト [tom, jimmy] を持つリストとなり，その長さは3である．

リストは，要素の並びを表現しているので，その順番にも意味がある．つまり，[mary, tom, joseph] と，[tom, joseph, mary] は，要素の集合として見た場合は同じものであるが，リストに現れる順序が異なるので，異なるリストとして認識される．リストは実際には，"." を関数記号とする2引数の構

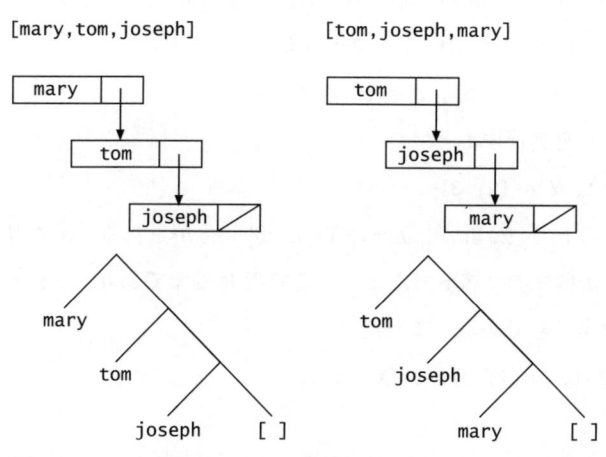

図 **7.6** リストの表現：セル／は空リストへのポインタを表す

造体であり，例えばこの二つのリストは

[mary, tom, joseph] = .(mary, .(tom, .(joseph, []))).
[tom, joseph, mary] = .(tom, .(joseph, .(mary, []))).

となる．また，別の表現として，リストは〈値，ポインタ〉を単位とするセルの連結や，また二分木としても表される（図 **7.6**）．このことからも，順序が異なるリストは異なるリストであることがわかるであろう．

7.4.1 リスト操作の基本

リストに対してできる最も基本的な操作は，リストの**分解**と**合成**だけである．また，これだけの操作を組み合わせることで，さまざまなリスト処理が実現できる．では，リストの基本操作ついて簡単に見てみよう．

リストは，**Head** と **Tail** からなる．Head とはリストの先頭の要素，Tail とはリストから Head を取り除いた**残りのリスト**である．Head と Tail からなるリストは .(Head,Tail) と表されれるが，このリストは " [] " と "," を用いて表現することができない．そのため，簡便な記法として

[Head | Tail]

のように，"|" を用いて表現する記法を導入する．ここで，与えられたリスト Z = [1，2，3] を先頭の要素と残りに分解する問題を考えよう．それは，この記法と単一化 "=" を用いて，つぎのように表される．

?- Z = [1, 2, 3], Z = [X | Y].[†]

このゴールを実行すると

X = 1, Y = [2, 3]

となり，リスト [1, 2, 3] が，X=1，Y=[2, 3] に分解される．X がリストの先頭要素で，Y が残りのリストである．ここで X は要素であり，Y はリストとなることに注意すべきである．また逆に

?- X=1, Y=[2, 3], Z=[X | Y].

[†] もちろん，この問題は ?-[1, 2, 3] = [X | Y]．と表現してもよい．

とすると

    Z = [1, 2, 3]

が得られ，リストが合成される．このように Prolog では，リストの分解も合成も，同じ単一化操作 Z = [X | Y] で実現される．では，つぎに長さが 1 のリストを head と tail に分解することを考えてみる．

    ?- [1] = [X | Y].

とすると

    X = 1, Y = []

となる．つまりどんなリストも，リストの最後は空リストとなっている．ではつぎに，リストの 2 番目の要素を取り出してみよう．このためには，リストを先頭の要素，2 番目の要素，残りのリストの三つに分解する必要があるが，これも "|" の記法と単一化を用いて，つぎのように表される．

    ?- [1, 2, 3]=[_, No2 | Y].

このゴールを実行すると

    No2 = 2, Y = [3]

となり，リスト [1, 2, 3] の 2 番目の要素が取り出される．ここで出てきた "_" は**無名変数** (anonymous variable) と呼ばれ，なんとでも単一化が可能な変数を表す．また，一つの節で "_" が複数表れる場合，それらは異なる変数を表す．

ここで，リストの合成，分解を理解し，"|" の表記に慣れるために，**表 7.1** にいくつかの例を挙げておく．

表 7.1　リストの合成と分解の例

ゴール	解
?- [a, b, c] = [X	[Y, Z]].	X = a, Y = b, Z = c
?- [a, b, c] = [X	[Y	Z]].	X = a, Y = b, Z = [c]
?- X = [a], Y = [b], Z = [X, Y].	X = [a], Y = [b], Z = [[a], [b]]
?- X = [a], Y = [b], Z = [X	Y].	X = [a], Y = [b], Z = [[a], b]
?- [a	X] = [Y, [b]].	X = [[b]], Y = a

7.4.2 リスト処理の基本プログラム

以下に，リストの分解，合成という基本操作を組み合わせた一般的なリスト処理プログラムの例を示す。member:† member述語は，第1引数の要素Xが第2引数のリストYに含まれている，すなわちXはYのメンバであることを表す述語で，以下のように定義される。

プログラム 7-10

```
member(H, [ H | _ ]).
member(H, [ _ | T ]):- member(H, T).
```

第1節は，「第2引数Hが第2引数のリストの先頭にある場合，Hは第2引数に含まれる」ことを表している。第2節は，「もしHがTに含まれるのならば，HはTの先頭に任意の要素を一つ追加したリストに含まれる」ことを表している。つぎに，このプログラムを処理の手順に注目して解釈してみよう。第1節は，「もし第1引数Hが第2引数のリストの先頭にある場合は即座に成功する」，第2節は，「リストの残りに対してHが含まれるか否かを調べよ」となる。

このプログラムは，通常

```
?- member(tom, [bob, tim, tom]).
    yes.
?- member(peter, [betty, jimmy]).
    no.
```

のように，ある要素がリストに含まれるかを調べることに利用される。しかし，それと同時に

```
?- member(X, [tom, bob, joan]).
    X = tom ;
    X = bob ;
    X = joan ;
    no
```

のように，リストに含まれる要素を一つずつ取り出すことにも利用できる。このようにPrologでは一つのプログラムを複数の目的で利用することが可能であ

---

† memberプログラムは，Prologの組込み述語ではなく，ユーザ定義述語である。また，その名前も shozoku などのように適当につけてよい。これ以降のプログラムも同様である。

る．このことは，引数（変数）の受け渡しが，呼出し側と呼び出される側とで双方向に行われることにより実現されており，ほかの言語には見られない Prolog の特徴の一つである†．

（a） append　append プログラムは二つのリストをつなげるプログラムである．リスト X とリスト Y を連結したリストが Z であることを表す append(X,Y,Z) プログラムは以下のようになる．

プログラム **7-11**

```
append([ ], Y, Y).
append([ W | X ], Y, [ W | Z ]):- append(X, Y, Z).
```

第 1 節は，「空リストとリスト Y を連結したリストは Y である」ことを表し，第 2 節は，「もし X と Y を連結したリストが Z ならば，X の先頭に W を加えたリストと Y を連結したリストは Z の先頭に W を加えたリストである」ことを表す．すなわち，リスト [W|X] とリスト Y を連結するためには，リスト [W|X] から先頭の要素 W を取り除き，残りのリスト X とリスト Y を連結させ，最後に先ほど取り出した要素 W をその先頭に加えればよい，ということになる．このとき，第 1 節と第 2 節は排反である．すなわち，第 1 節は第 1 引数が空リストのときに呼ばれ，第 2 節はそれ以外のときに呼ばれる．また，リスト X とリスト Y を物理的に連結しているわけではないことに注意しよう．実際には，リスト Y の前に，リスト X と同じ並びの要素をつぎつぎに付け加えているのである．

append も，member 同様，複数の利用方法が考えられる．まず，もともとの利用法に従って

```
?- append([joseph, peter], [mary, sally], Z).
    Z = [joseph, peter, mary, sally].
```

のようにリストを連結することもできるし，さらに

---

† このことから，手続き呼出し側を実引数，呼び出される側を仮引数と呼ぶのは，正確さを欠くかもしれない．

```
?- append(X, Y, [joseph, peter, mary, sally]).
    X = [], Y = [joseph, peter, mary, sally] ;
    X = [joseph], Y = [peter, mary, sally] ;
    X = [joseph, peter], Y = [mary, sally] ;
    X = [joseph, peter, mary], Y = [sally] ;
    X = [joseph, peter, mary, sally], Y = [] ;
    no
```

のように，一つのリストを二つのリストに分解するのにも利用される．

（ b ） **reverse**　つぎにリストの要素を反転する述語 reverse を示す．reverse プログラムでは，append プログラムが利用されている．以下に reverse プログラムを示す．

プログラム 7-12

```
reverse([], []).
reverse([ W | X ], Y):- reverse(X, Xr), append(Xr, [ W ], Y).
```

第 1 節は，「空リストを反転したリストは空リストである」ことを表し，第 2 節は，「もし X を反転したリストが Xr ならば，X の先頭に W を加えたリストを反転させたリストは，Xr の最後に W を加えたリストである」ことを意味する．以下に，reverse の実行例を示す．

───── 実行例 7-1 ─────
```
?- reverse([jane, betty, peg], Y).
    Y = [peg, betty, jane]
?- reverse(X, [mary, bob, jimmy]).
    X = [jimmy, bob, mary]
```

（ c ） **qsort**　少し複雑なリスト処理の例として，与えられたリストの要素を大きさの小さい順に並べ替えるプログラム，クイックソートプログラムを取り上げる．まず，クイックソートのアルゴリズムを以下に示す．

> クイックソートのアルゴリズム
> (1) リストを先頭 (H) と残りのリスト (T) に分ける
> (2) T を，H より小さい要素を持つリスト (Low) と
>   それ以外 (High) に分類する
> (3) Low をソートする (SortedLow)
> (4) High をソートする (SortedHigh)
> (5) SortedLow, [H], SortedHigh をこの順で連結する

つぎに，クイックソートプログラムを示す．リスト X の要素を小さい順に並べ替えたものがリスト Y であることを表す qsort(X,Y) プログラムは，以下のようになる．

プログラム 7-13

```
qsort([], []).
qsort([ H | T ], Sorted):- partition(H, T, Low, High),
    qsort(Low, SortedLow), qsort(High, SortedHigh),
    append(SortedLow, [ H | SortedHigh ], Sorted).
partition(H, [], [], []).
partition(H, [ E | T ], [ E | Low ], High):-
    E<H, !, partition(H, T, Low, High).
partition(H, [ E | T ], Low, [ E | High ]):-
    partition(H, T, Low, High).
```

qsort の第 1 節は，空のリストをソートした場合に対応している．また，qsort の第 2 節は，上記に示したアルゴリズムに対応している．まず，[H|T] でリストを先頭と残りのリストに分割し (1)，partition(H,T,Low,High) で T を H より小さい要素からなるリストと大きいか等しい要素からなるリストに分ける (2)．そして，qsort(Low,SortedLow), qsort(High,SortedHigh) により，qsort を再帰的に呼び出すことで Low,High をそれぞれソートし (3)(4)，最後に append で SortedLow, [H], SortedHigh を連結している (5)．

さて，以上の四つのリスト処理プログラムは，すべて再帰的なプログラムである．これは偶然ではなく，リスト自身が再帰的な構造を持っている，すなわち，リストから先頭の要素を除いたものは再びリストになっていることに起因

している。

　これらのプログラムを手続き的に考えてみると，それはリストの要素に着目し，リストの先頭の要素を取り出しながら処理を進めていくというループを構成していることがわかるであろう。C 言語などでは，ループは for 文や while 文を用いて表現される。しかし，Prolog においては，ループを制御する制御構造は存在しない。その代わりに，再帰節を利用し，再帰呼出しという形でループ処理を実現しているのである。また，ループの停止条件が非再帰節によって表現されていることにも注意すべきである。

7.5　差分リスト

　リスト処理のさらに進んだ使い方として差分リスト (difference list, d-list) を紹介する。差分リストとは，二つのリストの差分を使って，一つのリストを表すというプログラミングテクニックの一つであり，現実的なプログラムの開発には欠かせないものである。一つのリストを二つのリストの差で表すとは，例えば，一つの数字 10 を二つの数字 15 と 5 の差，すなわち 10 = 15–5 で表すことと同じであり，具体的には以下のようになる。

　　　　[a] = [a, b] – [b]　　　[a, b, c] = [a, b, c, d, e] – [d, e]
　　　　[] = [a, b] – [a, b]　　　X = [X | U] – U

7.5.1　二つの差分リストの直結プログラム

　二つの差分リスト X–Y と Y–Z を連結する dappend プログラムは，以下のようになる。

プログラム 7-14

```
dappend(X, Y,  Y, Z,  X, Z).
```

　dappend を用いてリストを連結する場合，それぞれのリストは差分リストになっていなければならない。そして，このリストの連結は二つのリスト，X–Y

と Y–Z を物理的につなげていることがわかる。また，このとき，二つの差分リストの連結は，そのリストの長さに依存しない一定の時間で行われる。このことは，「二つの差分リストが $D_1 = X–Y$, $D_2 = Y–Z$ の形をしていれば，差分リスト $D_3 = X–Z$ は，D_1, D_2 を連結したリスト (X–Y+Y–Z) である」，という差分リストの性質 (図 **7.7**) からもわかるであろう。

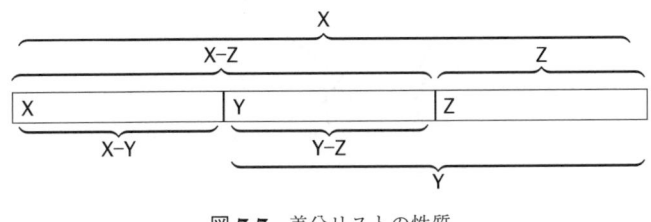

図 **7.7** 差分リストの性質

7.5.2 差分リストを用いたクイックソートプログラム

以下に，差分リストを用いたクイックソートプログラムを示す。

プログラム 7-15

```
dqsort(X, Y):- dqsort(X, Y, []).
dqsort([], Sorted, Sorted).
dqsort([H | T], Sorted1, Sorted2):- part(H, T, Low, High),
  dqsort(Low, LowS1, LowS2), dqsort(High, HighS1, HighS2),
  dappend(LowS1, LowS2, [H | HighS1], HightS2, Sorted1, Sorted2).
```

7.4.2 節のクイックソートプログラムとこのプログラムの違いは，第1引数のリストの要素を並べ替えたものを，第2引数と第3引数の差分（リスト）で表現している点，および Low（T の内，H より小さい要素からなるリスト）をソートしたものと High（T の内，H より大きい要素からなるリスト）をソートしたものを連結する際に，dappend 述語を用いている点の2点である。

7.5.3 構文解析プログラム

以下に示す二つの Prolog プログラムは，かなり簡略化されているが，与え

れた英文が文法的に正しいか，正しくないかを判断する構文解析プログラムである。構文解析とは，文の構造を明らかにする処理であり，語の並びを句にまとめたり，さらにそれらを大きな句にまとめたりする処理を行う（図 **7.8**）。

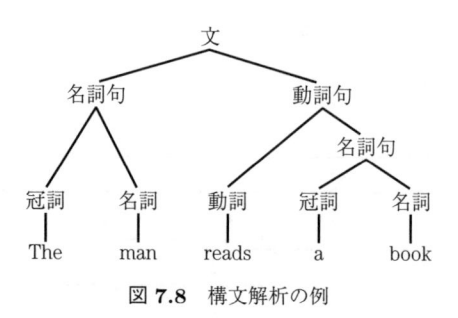

```
              文
         ／       ＼
      名詞句        動詞句
      ／＼        ／    ＼
    冠詞 名詞   動詞    名詞句
     │   │     │     ／   ＼
    The man  reads  冠詞   名詞
                     │     │
                     a    book
```

図 **7.8** 構文解析の例

まず，プログラム **7-16** について見てみよう。例えば，s(X):- append(Np, Vp, X), np(Np), vp(Vp). は，リストで与えられた英文を二つのリストに分け (append)，それぞれが名詞句 (np)，動詞句 (vp) であることを示している。これは，構文規則 np,vp → s に相当する。以下，同様の考え方で，名詞句，動詞句などの定義がなされている。すなわち，構文を解析するために，まず，リストを二つに分ける処理が行われ，その後，分けられたリストそれぞれに対して，さらに構文を満たしているかをチェックする，という手順で処理が進んでいく。ここで問題となるのが，では，どのようにリストを二つに分割するかである。1本のリストの分割には複数の可能性があり，その後の解析で失敗が生じれば，リストの分割が悪かったということで，バックトラックにより，ほかの分割の可能性を考える必要がある。実際には，与えられた英文を正しく解析するためのリストの分割は非常に少なく（通常の場合一つ），その他の分割の仕方はすべて失敗となり，バックトラックを引き起こすことになる。このことからも，このプログラムはリストの分割に関して数多くのバックトラックが生じ，効率はけっして良くないことがわかるであろう。

プログラム 7-16

```
s(X):- append(Np, Vp, X), np(Np), vp(Vp).
```

7.5 差分リスト

```
np(Np):- append(Det, Noun, Np), det(Det), noun(Noun).
vp(Vp):- append(Tv, Np, Vp), tv(Tv), np(Np).
vp(Vp):- iv(Vp).
det([a]).    noun([man]).    tv([met]).    iv([ran]).
```

つぎに，**プログラム 7-17** について見てみよう．ここで注目すべきは，例えば，名詞句 np(X,Y) は，リスト X–リスト Y が名詞句であるという関係を表しているという点である．すなわち，二つのリスト X,Y の差分で，句を表しているのである．例えば，名詞句 [a, man] を表すのに，np([a, man, ran], [ran])．すなわち，[a, man, ran] – [ran] というようなリストの差分表現を用いている．このことは，det([a|X],X) などを見れば明らかであろう．[a|X] というリストからリスト X を引いた部分，すなわち [a] が冠詞であることを表しているのである．

プログラム 7-17

```
s(X):- s(X, []).
s(X, Y):- np(X, Z), vp(Z, Y).
np(X, Y):- det(X, Z), noun(Z, Y).
vp(X, Y):- tv(X, Z), np(Z, Y).
vp(X, Y):- iv(X, Y).
det([a|X], X). noun([man|X], X). tv([met|X], X). iv([ran|X], X).
```

また，このプログラムは，例えば，"?- s([a, man, ran])." のようにリストで表現される英文を与え，それが構文的に正しければ成功，間違っていれば失敗する，という形で利用する．

プログラム 7-16 では，まずリストの分割を行い，その後，それぞれに対して構文のチェックを行っていた．また，その際，どのように分割するかについてはすべての可能性を考えている．これに対してプログラム 7-17 では，リストの分割を行いながら構文のチェックを行っている．また，リストの分割も，例えば，np と vp に分ける際には，必ず np を満たすように分割を行っている．このことは，実行のトレースからも明らかであろう．また，プログラム 7-16 と比べてプログラム 7-17 のほうが実行効率が格段に良いこともわかるであろう．

さて，プログラムの実行からもわかるように，s(X,Y):-np(X,Z),vp(Z,Y). のリスト Z は通常変数を含み，プログラムの実行に従ってその値が順次，決められていく．この差分リストのような，変数を含んだデータ構造のことを**不完全データ構造**と呼ぶ．

7.6 メタプログラミング

つぎに，プログラム自身をデータとして処理するメタプログラミング，特に Prolog の実行を模倣する Prolog 自身で記述される Prolog インタプリタについて述べる．

カットなどの組込み述語を扱わない，最も基本的な Prolog インタプリタは，以下のように非常に簡潔に記述することができる．

プログラム 7-18

```
solve(true).
solve((A, B)):- solve(A), solve(B).
solve(A):- clause(A, B), solve(B).
```

ここでプログラム中の述語 clause(A,B) は組込み述語であり，A と単一化可能な頭部を持つルールを探し出し，A とその頭部を単一化し，その結果，得られる本体部を B に返す述語である．例えば，プログラム 7-1 の例では

```
?- clause(father(X, Y), B).
    B = ( parent(X, Y), male(X) )
?- clause(parent(mary, tim), B).
    B = true
```

となる．ここで，clause 述語の第 1 引数がプログラム中のファクトと単一化された場合，B には（省略されている）true が返ることに注意しよう．

このプログラムの実際の動作を示すために，プログラム 7-1 の血縁データベースに対して，以下のゴール節を実行してみる．

```
?- solve(grandfather(tom, Y)).
```

まず，solveの第3節が呼び出され，新たなゴール節

```
?- clause(grandfather(tom, Y), B), solve(B).
```

が得られる。つぎに組込み述語clauseにより，grandfatherの定義が取り出され

```
B = (father(tom, Z), parent(Z, Y))
```

となり，新たなゴール節

```
?- solve( (father(tom, Z), parent(Z, Y)) )
```

が得られる。つぎにsolveの第2節が呼び出され

```
?- solve(father(tom, Z)), solve(parent(Z, Y)).
```

が得られ，またsolveを呼び出すことで，実行が進められていく。すなわち，solve述語を再帰的に呼び出しながら，実行が進んでいくことになる。そして，最終的にsolveの第1節が呼び出され，再帰的なsolveの呼出しが停止する。また，実行中に失敗が起こると，Prologが持つバックトラック機能により，clause述語が別の可能性を呼び出すことになるので，もともとのプログラムと同じ動作をすることになる。

もし，C言語など，Prolog以外の言語でPrologのインタプリタを作成する場合，単一化やバックトラックなどの複雑な機能をすべてプログラムしなければならない。しかし，Prologで記述されたPrologインタプリタは，もともとのPrologが持つ単一化，バックトラックの機能をそのまま利用することができ，結果としてこのように簡単に記述することが可能なのである。また，このインタプリタを拡張することで，通常のPrologによる実行方式とは異なる方式のインタプリタを構築することも可能である。簡単な例を以下に示す。通常Prologでは，左から右の順でゴール節の実行が行われるが，このプログラムでは，逆に右から左の順でゴール節の実行が行われる。

プログラム 7-19

```
solve(true).
solve((A, B)):- solve(B), solve(A).
solve(A):- clause(A, B), solve(B).
```

また，このほかにも，カット付きのインタプリタや横形探索のインタプリタ，

さらには不確実性を伴う推論を行うインタプリタなどが考えられる。これらの詳細については文献25),30),31) などを参照のこと。

演 習 問 題

【1】 後続関数 $s(X)$ を用いて，足し算を行うプログラム $add(X, Y, Z)$ を作りなさい。ただし，$X + Y = Z$ の関係を満足するものとする。

【2】 上の add プログラムを用いて，掛け算プログラムを作りなさい。

【3】 足し算プログラムとリストの結合プログラム append を比較しなさい。その類似点を指摘しなさい。

【4】 Prolog による血縁関係データベースにおいて，すべての兄弟関係 $sibling(X, Y)$ を求めなさい。その際，セミコロンでつぎつぎに別解を求めると，同じ解が何度も出現する。それはなぜか。

【5】 祖先を求めるプログラム ancestor の順序を入れ替えると，無限ループに陥ってしまうことがあるが，それはなぜか。

【6】 失敗による否定の定義には，カットを必要とするが，それはなぜか。

8 発想論理プログラム

　発想推論は，1章で概観したように，必ずしも正しい結論を導くわけではないが，観測事実を説明できるような仮説を生成する推論過程と考えられる。本章では，論理プログラミングに沿った発想推論の形式化を紹介する。

8.1 発想推論の定義

初めに，簡単な例を挙げて，発想推論の復習をしよう。

★ 例 8.1 ★　　靴がぬれた原因の可能性を示す論理プログラム P

プログラム 8-1

$grass\_is\_wet \Leftarrow rained\_last\_night,$
$grass\_is\_wet \Leftarrow sprinkler\_was\_on,$
$shoes\_are\_wet \Leftarrow grass\_is\_wet$

ここで，靴がぬれていたとすると，その理由を知りたい。それは，$\{rained\_last\_night\}$，$\{sprinkler\_was\_on\}$ のどちらでもよい。このように，説明が複数あるのが，発想推論の特徴である。その中からより好ましい仮説を選択するのが重要である。

　ここで，1章で与えた，パースによる演繹推論，帰納推論，発想推論の定義を再掲しよう。

184   8. 発想論理プログラム

● **定義 8.1**　（演繹推論・帰納推論・発想推論）
　演繹推論：一般的ルールを特定のケースに当てはめて，結論を得る分析
　　　　　的過程
　帰納推論：特定のケースと結論から，ルールを推論する合成的過程[†]
　発想推論：ルールと結論から，特定のケースを推論する，もう一つの合
　　　　　成的過程

パースはさらに，発想推論が既知の法則から観測事実（結論）を説明する「仮説の仮の採用」であり，「しかし，それは弱い推論であり，その説明が正しいと信じることはできず，正しいかもしれないとだけしかいえない」と注意を喚起している．

● **定義 8.2**　（発想推論）
　　与えられた論理式 P と観測事実 G に対して，**発想推論**は以下の二つの式を満足する Δ を求める．
　（1）　$P \cup \Delta \models G$,
　（2）　$P \cup \Delta$ は，無矛盾である．

すなわち，論理式 P に Δ を補うことによって初めて，観測事実 G が説明できるようになる．このとき，Δ を**発想的説明**と呼び，$P \cup \Delta$ を論理式 P の**発想的拡張**と呼ぶ．また，式 (1) で伴意記号 $\models$ は，推論記号 $\vdash$ に置き換えてもよい．

　発想推論にとって，発想的拡張は重要な働きをする．それは，通常の論理式への橋渡しとなるからである．もし，P に適切な Δ を補えば，それはもはや

[†] パースによる帰納推論の定義は，帰納推論のもう一つの重要な側面である多くの事例による確認作業 (confirmation) が見すごされている．帰納的一般化にとって，この側面は本質的である．

8.1 発想推論の定義

発想推論ではなく，通常の論理式となるからである．パースによれば，帰納推論と発想推論の違いは，前者が論理式 G だけから結論が導けないときに，ルールを補って結論が導けるようにするが，一方，後者では仮説として特定のケースを補って結論が導けるようにする．しかしながら，上に述べた定義では，Δ の性質を規定していないので，その区別がつかない．ここで発想推論としての性格付けをより明確にするために，Δ に制限を付け加えたい．さらに，Δ は G を説明するための原因に限りたい．この二つの要請から，説明 Δ は，領域に依存して決められる文のクラス **A** の部分集合に制限する．このような文のクラス **A** を**候補仮説集合** (abducibles) と呼ぶ．また候補仮説集合の各要素を，**候補仮説**と呼ぶ．

説明 Δ を候補仮説集合の部分集合にすることによって Δ の候補が限定されるが，さらにいくつかの条件を付け加えることによって，探索の範囲をさらに限定することができる．それらの条件を以下に示す．

1. 候補仮説はすべて原子文に限る．
2. 発想的説明 Δ は，与えられた一貫性制約を満足しなければならない．
3. 発想的説明は**基本的** ($basic$) でなければならない．
4. 発想的説明は**極小** ($minimal$) でなければならない．

条件 2 は，つぎの節で述べる一貫性制約による制限である．その役目は，説明 Δ に対する第 2 の要請（定義 8.2 の (2)）に関係して，矛盾する仮説を排除することである．条件 3 は，ほかの言葉で説明される言葉での説明ではだめであることを述べている．例えば，例 8.1 で，$\{grass\_is\_wet\}$ という説明は $shoes\_are\_wet$ に対して基本的ではない．というのは，$\{grass\_is\_wet\}$ はさらに原因をさかのぼる必要があるからである．一方，$\{rained\_last\_night\}$，$\{sprinkler\_was\_on\}$ はどちらも基本的である．条件 4 は，説明に現れる原因が複数の可能性を含まないことを要求している．上の例で，$\{rained\_last\_night, sprinkler\_was\_on\}$ は，原因として複数の可能性が残され，極小ではない．一方，$\{rained\_last\_night\}$，$\{sprinkler\_was\_on\}$ はどちらも極小である．

8.2 発想論理プログラム

本節では，一般論理プログラムの拡張として，発想論理プログラムを定義する．その前に，発想論理プログラムで重要な働きをする一貫性制約について説明しよう．**一貫性制約** (integrity constraint) は，データベースに関する用語であり，データベースが全体としてつねに満たしていなければならない条件を意味する．それは，更新演算での誤操作を検出するなどの働きをする．例えば，人に関するデータベースにおいて，年齢は 150 歳を超えることはないであろう．そのような制約条件を一貫性制約としてあらかじめ定義しておき，それを更新時にチェックするわけである．こうすると，間違って 200 歳などの入力をしてしまうのを防ぐことができる．すなわち，一貫性制約は可能な知識状態を規定するものと考えられる．

定義 8.2 で与えた発想推論の定義は，一般論理プログラムの枠組みを用い，さらに論理式で与えられた一貫性制約を用いることにより，**発想論理プログラム** (abductive logic program) として，再定義される．

● **定義 8.3** (発想論理プログラム)

与えられた一般論理プログラム **P**，一貫性制約を表す論理式の集合 **I**，基礎原子文からなる候補仮説集合 **A** および観測事実 G に対して，**発想推論**は以下の二つの式を満足する $\Delta \subseteq \mathbf{A}$ を求める．

(1) $\mathbf{P} \cup \Delta \models G$,

(2) $\mathbf{P} \cup \Delta$ は，**I** を満足する．

このとき，三つ組 $<\mathbf{P},\mathbf{A},\mathbf{I}>$ を発想論理プログラムと呼ぶ．

発想論理プログラムを実際に動かすことのできる処理系に，PrologICA がある．PrologICA は，Oliver Ray と Antonis Kakas[32] によって作られた，Prolog

8.2 発想論理プログラム

上で動作する実用的な発想論理プログラムメタインタプリタである．PrologICAの働きを紹介するには，プログラム例を示すのが最適であろう．

以下に述べる例は，チェロの演奏スキルの例で，高速ポジション移動を行う奏法を求める問題である．ここで，ポジション移動の仕方には2種類ある．第1の方法は，肩関節および肘関節の開閉（内外転，adduction/abduction）によって肘を上下に動かす方法で，第2の方法は，体温計を振るように肘を中心に前腕を振って（上腕の内外回，incycloduction/excycloduction）手の位置を上下に動かす方法である．

★ 例 8.2 ★　　発想論理プログラムの例

論理プログラム P:

```
rapidPositionShift :- rapidMove, addAbdOfShoulder, addAbdOfElbow.
rapidPositionShift :- rapidMove, inExCycloOfUpperarm, addAbdOfElbow.
bigInertiaMoment :- addAbdOfShoulder.
```

一貫性制約 I:

```
ic :- rapidMove, bigInertiaMoment.
```

候補仮説集合 A:

```
abducible_predicate(rapidMove).
abducible_predicate(addAbdOfShoulder).
abducible_predicate(addAbdOfElbow).
abducible_predicate(inExCycloOfUpperarm).
```

実行結果:

```
?- demo ([rapidPositionShift] , D).
D = [rapidMove, inExCycloOfUpperarm, addAbdOfElbow] ?;
no
```

PrologICA では，一貫性制約は ic を頭部とする節で表現され，それは本体部が矛盾していることを意味する．また，各仮説候補は，述語 abducible_predicate

で表される。ゴールは，demo 述語により与える[†]。

このプログラムの実行結果は，第2の奏法だけが解として出力される。第1の方法を取ると慣性モーメントが大きくなり，それが高速運動と矛盾するので，一貫性制約を満たさない。そのため，この奏法は解とはならない。

8.3 発想論理プログラムの意味論

<P,A,I> を発想論理プログラムとし，Δ を A の部分集合とする。このとき，<P,A,I> の拡張安定モデル M(Δ) は，以下のように定義される。

● 定義 8.4 （拡張安定モデル）

M(Δ) は，以下の条件を満たすとき，また，そのときのみ，発想論理プログラム <P,A,I> の拡張安定モデルである。

(1) M(Δ) は，P ∪ Δ の安定モデルである。

(2) M(Δ) $\models$ I

一貫性制約に関する条件は，定義 8.3 での条件 8.3 を具体化したものである。この定義からわかるように，発想論理プログラム <P,A,I> の意味を定める拡張安定モデルは，P の発想的拡張 P ∪ Δ の安定モデルの中で一貫性制約 I を満たすものである。

演 習 問 題

【1】 発想推論は，なぜ仮説生成に有用なのかを述べなさい。

【2】 例 8.1 を PrologICA プログラムで表しなさい。

【3】 自動車はバッテリーが切れても，ガソリンが切れても動かないが，ライトが点灯しているのに動かない場合には，ガソリン切れが原因として考えられるであ

[†] 論理プログラミングでは，メタインタプリタの述語名として "demo" を用いることが多いが，ここではその慣習に従っている。

ろう。この診断問題のプログラムを PrologICA によって作成しなさい。
【4】 発想推論が有用であると思われる応用問題を考えなさい。
【5】 発想論理プログラムでは，候補仮説集合があらかじめ与えられている。この枠組みを拡張する方法を考えなさい。

C9 帰納論理プログラミング

COMPUTER SCIENCE TEXTBOOK SERIES

本章では，論理に基づいて帰納的一般化を行う二つの方式，すなわち命題論理をベースにした決定木による機械学習と，より高度な，述語論理をベースにした帰納論理プログラミングによる機械学習を紹介する。

9.1 決定木の学習問題

データマイニングの分類アルゴリズムとしてよく知られているのが，決定木の学習アルゴリズムである。それは，分類規則を事例集合から自動的に求めるアルゴリズムで，得られた結果は分類クラスが未知の事例に対して，そのクラスを予測する働きをする。理解を促すために，例を示そう。

表 9.1 は，決定木を作成するための事例集合である。この表は，どのような顧客がコンピュータを買うか買わないかを表している。一つの行は，一人の顧客に対応していて，例えば 1 番目の顧客は年齢が 20 歳以下で，学生でなく，収入が豊かな人はコンピュータを買わないことを示している。

表 9.1 決定木構築のための事例集合

age	student	income	buys_computer
≦ 20	no	high	no
> 20	no	high	yes
> 20	yes	high	no
≦ 20	yes	low	yes
> 20	yes	low	yes

この 6 人のデータから得られた決定木が図 9.1 である。この決定木を利用すると，例えば，年が 20 歳より上で，学生でなく，収入が普通の人がコンピュー

9.1 決定木の学習問題

```
          student?
         no     yes
        /         \
      age?       income?
     >20  ≦20    low  high
     yes  no    yes   no
```

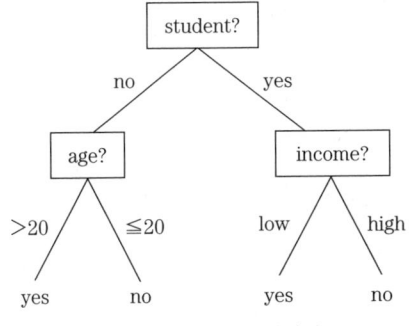

図 9.1 構築された決定木

タを買うか買わないかを予測してくれる。この決定木を上からたどると，初めに学生でないので左の枝に進み，つぎに年齢が 20 歳より上なので再び左に進むことにより，当該者はコンピュータを購入するであろうと予測してくれる。決定木は，各分岐ノードにどの属性を置くかによって決まるので，決定木学習アルゴリズムは，属性をいかに決定するかを問題にする。一般的な戦略は，より分類が進みそうな属性を選択する，というものであり，相互情報量を用いた手法などが知られている。本書の目的は，決定木の論理的な側面を論じることなので，この問題については，これ以上，立ち入らない。

この事例集合の表をよく眺めてみると，それが命題論理の真理値表に似ていることに気がつくであろう。事実，この表は，**表 9.2** のような表に書き換えることができる。この表で，p, q, r, s は，それぞれ $age \leq 20$, $student$, $income = high$, $buys\_computer$ に対する命題記号である。ところで，通常の真理値表は，3 章の表 3.5 に示したように，目的とする論理式の真理値をその中に出現する命題記号の真理値のすべての組合せに対して与えているが，ここでは，まず第 1 に目的とする論理式が与えられておらず，単に命題記号 s が与えられているだけである。その代わり，s に対する真理値が，p, q, r のいくつかの真理値の組合せに対して与えられている。それらは，与えられた事例集合に対応するものである。ここに，演繹推論と帰納推論の違いが現れている。すなわち，演繹推論では，与えられた論理式の真理値を真理値表を作成することに

表 9.2 対応する真理値表

p	q	r	s
$true$	$false$	$false$	$false$
$false$	$false$	$false$	$true$
$false$	$true$	$true$	$false$
$true$	$true$	$false$	$true$
$false$	$true$	$false$	$true$

よって求めるが,帰納推論では,与えられた部分的な真理値の値からそれに対する論理式を求めることになる.実際,決定木の構築は,このような論理式の作成に相当している.それは,決定木が論理式に対応しているからである.そのことを調べるためには,決定木の各葉ノードにたどり着く条件を調べてみればよい.例えば,上の例では,$s = (\neg q \wedge \neg p) \vee (q \wedge \neg r)$ となることがわかる.

ところで,決定木の学習が,なぜ帰納推論に相当しているのか,という疑問がわくであろう.帰納推論の結果は,個々の事例の一般化でなくてはならない.ここでの個々の事例は,決定木の構築のために用いた事例集合のうち,同じクラスに属するものである.例えば,クラスが $buys\_computer$ のすべてのレコードの帰納的一般化が論理式 $s = (\neg q \wedge \neg p) \vee (q \wedge \neg r)$ である.

実際の決定木の学習問題では,属性の値が3値以上になることがしばしば起こる.それは,クラスの値についても同様である.上の例では,命題論理との対応付けを明確にするために,それらが2値の場合について考えた.3値以上の場合は,属性に関しては新たに架空の属性を増やして,2値属性に還元すればよい.クラス属性が3値以上の場合は,複数の2クラス分類問題に変換することが必要である.いずれにせよ,ここでは演繹推論と帰納推論の関係を見ることを目的として,多少無理な点はあるが命題論理による決定木の解釈を行った.

本節では,命題論理の帰納推論の問題を扱ったが,次節では述語論理の帰納推論について論じる.

9.2 帰納論理プログラミング

帰納論理プログラミング (inductive logic programming, ILP) とは，いったいどのようなもので，また，どのような種類の問題に対して有効な枠組みなのであろう。その答えを一言で表すと，ILP とは，「述語論理上で帰納推論を展開するアプローチであり，さまざまな分類問題を解決することができる枠組み」である，ということになる。ここでキーワードとなるのが，(1) 述語論理，(2) 帰納推論，(3) 分類問題の三つである。まず，これらのキーワードに関して，簡単に見てみよう。

述語論理とは，対象間の関係の記述を基にした知識表現言語であり，簡単にいえば，コンピュータが理解可能な，形式的な知識表現言語であることは，4 章で説明したとおりである。

つぎに，帰納推論とはどのようなものなのかについて，簡単に考察してみよう。帰納推論とは，多くの観測された例から，その一般的な性質を得るような推論の方式であり，個々の詳細を捨象した一般化による推論である。例えば，数多くの自動車の例から，個々の自動車の色や大きさといった詳細を無視して，「自動車とは，車体があり，タイヤが四つ付いているもの」などといった，自動車の一般的な概念（性質）を得るような推論の方式である。このような一般的な概念を得ることで，絵本に出てくる自動車も，実際に道路を走っている自動車も，同じ "自動車" として認識することができるようになる。

つぎに，分類問題について考えてみよう。いま，救急車とバスの分類問題について見てみると，「車体の大きさが大きければバスで，小さければ救急車である」とか，「サイレンがあれば救急車で，なければバスである」などといった，救急車とバスを分類するための基準が得られるであろう。このように，分類問題では，あるクラス（救急車）と別のクラス（バス）との違いを明らかにし，分類のための基準や規則（ルール）を得ることを目的としている。

9. 帰納論理プログラミング

ILPとは，「述語論理上で分類問題を帰納推論の枠組みで解決するもの」である．ここで一つの疑問が生じるかもしれない．それは，分類問題を解くということが，なぜ事例の一般化である帰納推論とつながるのか，ということである．この疑問に対する答えを与え，またILPがどのようなものであるのかを理解するために，以下に簡単な例を示す．

★ **例 9.1** ★　**動物の分類問題**　ある動物が，ほ乳類に属しているか，属していないかを判断するための規則を得る問題を考える．すなわち，観測された動物の特徴のみから，ほ乳類であるか否かの判断基準を獲得する，という分類問題である．対象となる動物は，イヌ (dog)，イルカ (dolphin)，カモノハシ (platypus)，コウモリ (bat)，マス (trout)，サメ (shark)，ワニ (crocodile)，ワシ (eagle)，の8種類である．このうち，イヌ，イルカ，カモノハシ，コウモリがほ乳類 (mammal) であり，マス，サメは魚類 (fish)，ワニはは虫類 (reptile)，ワシは鳥類 (bird) であることがすでにわかっている．そして，それぞれの動物に対して，体がなにで覆われているか（体表），足の数，授乳するか否か，恒温動物か否か，すみか，産卵するか否か，エラ呼吸をするか否か，の七つの特徴が観測されているとする．これらの特徴を表9.3 に示す．これらの情報を基に，ほ乳類とそれ以外の類を分ける基準を得ることが，与えられた問題である．

表 9.3　ほ乳類の特徴

動物名	類	体表	足の数	授乳	すみか	産卵	エラ呼吸	恒温動物
dog	**mammal**	hair	4	**yes**	land	no	no	yes
dolphin	**mammal**	skin	0	**yes**	water	no	no	yes
platypus	**mammal**	hair	2	**yes**	water	yes	no	yes
bat	**mammal**	hair	2	**yes**	air	no	no	yes
trout	fish	scales	0	no	water	yes	yes	no
shark	fish	skin	0	no	water	yes	yes	no
crocodile	reptile	scales	4	no	land	yes	no	no
eagle	bird	feathers	2	no	air	yes	no	yes

さて，表9.3を注意深く見ると，"類 = mammal" となっている行では必ず "授乳 = yes" となっていることに気がつくであろう（表9.3中の太字）．また逆

9.2 帰納論理プログラミング

に，類が mammal でない行に対しては，授乳 ≠ yes (授乳 = no) となっていることもわかる．すなわち，表 9.3 から，"授乳 = yes" となるパターンが，ほ乳類の行のみに共通して見られ，ほ乳類以外の行には見られないということがいえる．つまり，このパターンは，ほ乳類にのみ見られる特徴を表しているので，ほ乳類をほかと区別するための規則として適切である，ということが読み取れる．結果として，この問題に対しては，「授乳すればほ乳類であり，授乳しなければほ乳類ではない」という分類規則を与えることができる．ところで，この授乳するというパターンは，ほ乳類に属する動物の，産卵するしないや，すみかなどの属性を無視し，その共通部分を取り出した結果である．すなわち，この分類のためのパターンは，事例の一般化である帰納推論の結果として得られたものなのである．

さて，この例では，人間が表を注意深く観察して，ほ乳類の行のみに共通して見られ，それ以外の行には見られないパターンを発見し，それを分類規則とした．ILP でも，基本的にこのことと同じことが行われる．つまり，ILP が行っていることとは，あるクラスにのみ共通して見られ，ほかのクラスには見られない，文字列で表現された，ある種のパターンの発見にほかならないのである．

ところで，ILP では，問題の表現はすべて Prolog を使って行われる．そのことに従って，この問題を Prolog を使って表現すると，図 9.2 のようになる．

ここで

class(A,B) は，"動物 A の類は B である"
covering(A,B) は，"動物 A の体表は B に覆われている"
legs(A,B) は，"動物 A の足の数は B 本である"
milk(A,yes/no) は，"動物 A は授乳する/しない"
homeothermic(A,yes/no) は，"動物 A は恒温動物である/ない"
habitat(A,B) は，"動物 A のすみかは B である"
eggs(A,yes/no) は，"動物 A は産卵する/しない"
gills(A,yes/no) は，"動物 A はエラ呼吸をする/しない"

9. 帰納論理プログラミング

```
class(dog,mammal).          class(dolphin,mammal).       class(trout,fish).
class(bat,mammal).          class(platypus,mammal).      class(shark,fish).
class(crocodile,reptile).   class(eagle,bird).
covering(dog,hair).         covering(dolphin,none).      covering(platypus,hair).
covering(bat,hair).         covering(trout,scales).      covering(shark,none).
covering(crocodile,scales). covering(eagle,feathers).
legs(dog,4).                legs(dolphin,0).             legs(platypus,2).
legs(bat,2).                legs(trout,0).               legs(shark,0).
legs(crocodile,4).          legs(eagle,2).
milk(dog,yes).              milk(dolphin,yes).           milk(platypus,yes).
milk(bat,yes).              milk(trout,no).              milk(shark,no).
milk(crocodile,no).         milk(eagle,no).
habitat(dog,land).          habitat(dolphin,water).      habitat(platypus,water).
habitat(bat,air).           habitat(trout,water).        habitat(shark,water).
habitat(crocodile,land).    habitat(eagle,air).
eggs(dog,no).               eggs(dolphin,no).            eggs(platypus,yes).
eggs(bat,no).               eggs(trout,yes).             eggs(shark,yes).
eggs(crocodile,yes).        eggs(eagle,yes).
gills(dog,no).              gills(dolphin,no).           gills(platypus,no).
gills(bat,no).              gills(trout,yes).            gills(shark,yes).
gills(crocodile,no).        gills(eagle,no).
homeothermic(dog,yes).      homeothermic(dolphin,yes).
homeothermic(platypus,yes).    homeothermic(bat,yes).
homeothermic(trout,no).        homeothermic(shark,no).
homeothermic(crocodile,no).    homeothermic(eagle,yes).
```

図 9.2 動物分類問題の論理による表現

ことをそれぞれ表すものとする．表での表現とよく見比べ，両者が同じことを表していることを確認してほしい．

この Prolog を使った表現においても，(当然) 表の場合と同じパターンを発見することができる．それは，class(X,mammal) というファクトに現れる動物 X は，必ず milk(X,yes) という属性を持っている，というパターンである (図 9.2 中の太字)．このパターンを Prolog のルールで表すと

$$class(X, mammal) :- milk(X, yes).$$

となる．このパターンが，「授乳すればほ乳類である」ことを表していることを理解するのは容易であろう．「授乳しなければほ乳類でない」という事実は，この文に明示されていないが，例えば，質問 "?-class(trout,mammal)" を実行すると答え "no" が返ってくることからわかるように，この事実も成り立つ．こ

の二つをまとめると，上のルールは「授乳すればほ乳類であり，授乳しなければほ乳類でない」を意味している．すなわち，表現は異なるが，文字列で表現されたパターンを見つけているという点で同じなのである．このように，実際のILPシステムでは，問題をPrologで表現し，その中に現れるパターンの発見を行っているのである．

ところで，この問題は1枚の表を使って表現することができた．このように1枚の表で表すことのできる分類問題は，ILPシステムを使わなくとも，決定木生成などを行う命題論理に基づいた帰納推論システムによって解決することができる．

つぎに，ILPの特徴を示すために，もう少し複雑な例を紹介する．

★ 例9.2 ★　　貨物列車の分類問題　　この問題は，米国の大陸横断貨物列車が東行きか西行きかを，連結されている貨車の種類から判別，分類する問題である．いま，5台の貨物列車(t1-5)が東へ，別の5台の貨物列車(t6-10)が西へ向かっていて，それぞれの列車に連結された貨車の六つの属性：屋根の有無，長さ，形，積み荷の数と荷物，車輪の数がわかっているものとする．これらの情報だけを使って，東行きの貨物列車と西行きの貨物列車とを分類する規則を求めるのが与えられた問題である．

この問題の表による表現を表9.4に示す．表(a)は，貨物列車が向かっている方向を，表(b)は，連結されている貨車の種類と，その連結順序を表している．また，表(c)は，各貨車の屋根の有無や，長さ，形などの属性を表している．このように，この問題は3枚の表を使って容易に表現することができる（もちろん，これらの3枚の表を結合し，1枚の表として表すことは可能であるが，その場合，表が複雑（列の数が増える）になったり，値の入らない個所（Nullエントリ）が多くなってしまう等の問題が発生する）．

さて，この問題に対する答えは，「長さの短い有蓋車が連結されている貨物列車は東へ向かい，それ以外は西へ向かう」である．

先ほどのほ乳類の分類問題と同様，この貨物列車の分類問題も

表 9.4 貨物列車の分類問題の表による表現

(a) 方向

列車	方向
t1	東
t2	東
t3	東
t4	東
t5	東
t6	西
t7	西
t8	西
t8	西
t9	西

(b) 貨車の種類と連結順序

列車	連結されている貨車	貨車の位置
t1	c2	1
t1	**c3**	2
t1	c1	3
t1	c5	4
t2	c1	1
t2	c4	2
t2	**c7**	3
t3	**c7**	1
t3	c8	2
t3	c2	3
t4	c10	1
t4	c6	2
t4	**c9**	3
t4	c11	4

列車	連結されている貨車	貨車の位置
t5	c8	1
t5	**c3**	2
t5	c10	3
t6	c5	1
t6	c4	2
t7	c10	1
t7	c6	2
t7	c4	3
t8	c1	1
t8	c2	2
t9	c5	1
t9	c6	2
t9	c10	3
t9	c11	4
t10	c4	1
t10	c8	2

(c) 貨車の属性

貨車	屋根	長さ	形	荷物の形（数）	車輪の数
c1	なし	短	長方形	丸 (2)	2
c2	なし	長	長方形	長方形 (2)	2
c3	あり	短	長方形	三角形 (1)	2
c4	あり	長	長方形	丸 (3)	3
c5	なし	短	U 字型	三角形 (1)	2
c6	なし	短	長方形	丸 (1)	2
c7	あり	短	長方形	丸 (2)	2
c8	あり	長	長方形	長方形 (1)	2
c9	あり	短	六角形	三角形 (1)	2
c10	なし	短	U 字型	丸 (1)	2
c11	なし	長	長方形	三角形 (1)	3

east(A)：“列車 A は東へ向かう”

has_car(A,B)：“貨車 B は列車 A に連結されている”

infront(A,B,C)：“列車 A では貨車 B は貨車 C の直前に連結されている”

open(A)：“貨車 A には屋根がない”

closed(A)：“貨車 A には屋根がある”

short(A)：“貨車 A の長さは短い”

long(A)："貨車 A の長さは長い"
load(A,B,C)："貨車 A には形 B の荷物が C 個積んである"
shape(A,B)："貨車 A は B という形をしている"
wheels(A,B)："貨車 A には車輪が B 個付いている"

という述語を用いて，Prolog で表すことができる．表での表現と Prolog での表現の対応を確認してほしい．さて，この問題表現において，ILP システムは

east(A):- has_car(A,B), short(B), closed(B).

というルールを獲得する．これは

「貨車 B が貨物列車 A に連結されていて (has_car(A,B))，その貨車 B の長さが短く (short(B))，かつ貨車 B に屋根が付いていれ (closed(B)) ば，貨物列車 A は東へ向かう (east(A))」

ことを表しており，表によって得られたパターンと同じことを示していることがわかる．このように，実際の ILP システムでは，問題も，得られるパターンも Prolog を使って表現される．

ところで，この問題が例 9.1 の動物の分類問題と決定的に違うところはどこであろう．それは，問題を表現するのに複数の表を利用している点，そして発見されたパターンが複数の表にまたがっているという点である．決定木の生成システムなどの命題論理学習器では，このような複数の表で表現された問題を扱うことは困難である．また当然，得られるパターンも，単一の表に納まっていなければならない．それに対し，ILP では，複数の表を同時に扱うことが可能であり，得られるパターンも複数の表にまたがるものであって構わない．このことは，ILP が，より広範囲な問題を対象にできることを示している．

以上の二つの例から，もう一度 ILP がなにを行っているかについて振り返ってみよう．それは，これまでの例からも明らかなように，ある特定のパターンの抽出である．ILP システムは，一方のクラスにのみ共通して見られ，もう一方のクラスには見られない，Prolog プログラムで表現された，ある特定のパター

ンの発見を行っている．ではつぎに，帰納論理プログラミングのキーワードである，"帰納推論"，および，"分類問題"という観点から，このことについてさらに考察してみる．

まず，帰納推論という観点から，このパターンの発見について考えてみる．ILPシステムにおいて得られるパターンは，一方のクラスに共通して見られるものである．すなわち，一方のクラスに関するさまざまな関連知識（属性）から，その詳細を無視して，共通する部分や構造を抽出していることになる．このことは，ILPシステムにおいて得られるパターンが，決定木の場合と同様，そのクラスに対する複数の正例の帰納的一般化となっていると考えてよい．

ところで，帰納推論を行うシステムは，帰納論理プログラミング以外にも，命題論理に基づいて決定木を生成するシステムがあることはすでに述べたとおりである．ここでこの両者の違いについて簡単に考察する．この際，重要となるのが，問題の表現言語である．すなわち，ILPのキーワードである"述語論理"がここで登場する．述語論理では，命題論理では扱うことのできなかった，個体と個体との関係を扱うことができる．また命題論理では表現することのできない，変数を用いたルールも表現できる．さらに，再帰節を利用することで無限の対象に関する知識をも表現することができるのである．この背景知識を利用できるという特徴こそが，ILPによる学習をほかの学習に比べて一段と優れたものにしている．一方，表現とは別に，述語論理では節集合上の反駁証明を，分類のための手続きとして利用できる．このことから，分類ルールを既存の背景知識として与えられた述語を用いて定義することができる．

本書では，帰納推論のアルゴリズムについては，詳しい説明を省くが，以下にそのエッセンスを簡単に紹介しよう．最大の問題は，分類規則を与えるPrologプログラムをどのようにして探し出すのか，という問題である．例えば，貨物列車の分類問題では，答え

east(A):- has_car(A,B), short(B), closed(B).

を求めなければならない．その基本的な戦略は，「仮説の生成とそのテストの繰返し」である．仮説の生成を行うためには，解の形に注目すればよい．すなわ

ち，仮説の頭部は，分類規則を求めたい対象に関する述語である．この例では，東向きの列車であり，述語 $east(A)$ で表される．仮説の本体部は，条件を表すリテラルの連言であるが，これらの各リテラルは，背景知識から取られていることがわかるであろう．そして，それらのリテラル間を，変数によって関連付ける．そのような関連付けもあらゆるパターンを想定して，「仮説の生成とそのテストの繰返し」を行う．ただし，あらゆる可能性を試す方法は，あまりにも大変なので，いろいろな工夫をしなければならない．その中でも，最も強力な方法が，各仮説を一般性の基準によって順序付けを行う方法である．各仮説は，それぞれが概念を表していると考えられるが，その概念の広さが一般性を表していると考え，より広い概念から出発して，概念の絞込みを行う，といった戦略を取るのが，そこでの方法である．そのような工夫によって，実用的な帰納論理プログラミングシステムがいくつか開発されてきた．

最後に，実際に稼動している帰納論理プログラミングシステムを紹介する．最もよく知られているのは，帰納論理プログラミングの提唱者である Stephen Muggleton によって実装された **Progol** である．Progol は，Prolog プログラムによって，正例，負例，および背景知識を与え，正例の帰納的一般化である Prolog プログラムを出力するシステムである．Progol は，以下の URL から入手可能である．

`http://www.doc.ic.ac.uk/~shm/progol.html`

Ashwin Srinivasan は，Progol を発展させたシステム Aleph を開発した．Aleph は，以下の URL から得られる．

`http://www.comlab.ox.ac.uk/oucl/research/areas/machlearn/Aleph/aleph_toc.html`

演習問題

【1】 帰納推論と発想推論の違いを述べなさい。
【2】 帰納論理プログラミングが分類学習に適している理由を述べなさい。
【3】 帰納論理プログラミングでは，学習したい述語に関連のある背景知識を Prolog プログラムで与えることができる。それはなぜか。
【4】 帰納論理プログラミングが有用であると思われる応用問題を考えなさい。

引用・参考文献

1) 淵　一博 監修，溝口文雄，古川康一，Lassez, J-L. 編：制約論理プログラミング，共立出版 (1989)
2) Sato, T. and Kameya, Y.: PRISM: A symbolic-statistical modeling language, In Proceedings of the Fifteenth International Joint Conference on Artificial Intelligence (IJCAI97), pp.1330〜1335 (1997)
3) 伊藤正男：脳の不思議，岩波書店 (1998)
4) Russell, S. and Norvig, P. 著，古川康一 監訳：エージェントアプローチ 人工知能，共立出版 (1997)
5) 萩谷昌己，西崎真也：論理と計算のしくみ，岩波書店 (2007)
6) 有川節夫，原口　誠：述語論理と論理プログラミング，オーム社 (1988)
7) 森下真一：知識と推論，共立出版 (1994)
8) 清水義夫：記号論理学，東京大学出版会 (1984)
9) 古川康一，植野　研，尾崎知伸：帰納論理プログラミング，共立出版 (2001)
10) Robinson, J. A.: A machine-oriented logic based on the resolution principle, Journal of the Association for Computing Machinery, **12**, pp.23〜41 (1965)
11) 長尾　真，淵　一博：論理と意味，岩波書店 (1983)
12) Genesereth, M. R. and Nilsson, N. J. 著，古川康一 監訳：人工知能基礎論，オーム社 (1993)
13) キャロル，ルイス著，ガードナー，マーチン注，石川澄子 訳：不思議の国のアリス，東京図書 (1980)
14) Herbrand, J.: Recherches sur la Théorie de la Démonstration, Ph.D thesis, University of Paris (1930)
15) Nienhuys-Cheng, S.-H. and de Wolf, R.: Foundations of Inductive Logic Programming, LNAI 1228, Springer (1997)
16) Martin-Löf, P.: Intuitionistic Type Theory, Bibliopolis (1984)
17) Prawitz, D.: Natural Deduction, Almquist & Wiskell (1960)
18) Unger, A. M.: Normalization, Cut-Elimination and the Theory of Proofs, CSLI (1992)

19) 角田　譲：数理論理学入門，朝倉書店 (1996)
20) 小野寛晰：情報科学のための論理，日本評論社 (1994)
21) 前原昭二：数学基礎論入門，朝倉書店 (1977)
22) 林　晋：数理論理学，コロナ社 (1989)
23) 松本和夫：数理論理学，共立出版 (1971)
24) van Emden, M. H. and Kowalski, R. A.: The semantics of predicate logic as a programming language, Journal of the Association for Computing Machinery, **23**, 4, pp.733〜742 (1976)
25) 古川康一：Prolog 入門，オーム社 (1986)
26) Bratko, I. 著，安部憲広 訳：Prolog と AI，近代科学社 (1993)
27) Colmerauer, A., *et al.*: Un Système de Communication Homme-Machine en Français, Research Report, France: Universitè Aix-Marseille II, Groupe d'Intelligence Artificielle (1973)
28) Kowalski, R. A.: Predicate Logic as Programming Language, In J.L.Rosenfeld, (ed.), Information Processing, pp.569〜574 (1974)
29) Warren, D. H. D, Pereira, L. M., Pereira, F.: Prolog - the language and its implementation compared with LISP. In Proceedings of ACM Symposium on Artificial Intelligence and Programming Languages, issued as SIGPLAN Notices 12:8, and SIGAR Newsletter, 64, pp.109〜115 (1997)
30) Sterling, L. and Shapiro, E.: The Art of Prolog, MIT Press (1986)
31) Shoham, Y.: Artificial Intelligence Techniques in Prolog, Morgan Kaufmann (1994)
32) Ray, O. and Kakas, A. C.: ProLogICA: a practical system for Abductive Logic Programming Proc. of the 11th Non Monotonic Reasoning Workshop, pp.304〜314 (2006)

演習問題解答

2 章

【1】再帰的な定義は，命題論理では表せない．例えば，0 を含む自然数は，述語論理によって以下のように定義できる．

$$nat(0) \land \forall X(nat(X) \Rightarrow nat(s(X)))$$

しかし，命題論理で自然数を定義することはできない．

【2】命題論理では，構造を表現できない．(0 を含む) 自然数は，0, 1, 2, … という順序構造を持っており，これは後続関数 s を用いて表現できるが，命題論理ではそれができない．さらに，述語論理では全称限量子，存在限量子を用いて，自然数のような無限に存在する対象世界を表現できるが，命題論理はそれができない．

【3】略

【4】病気の診断では，病状から病名，すなわち病気の原因を特定するが，この推論は病状を説明できる原因を探ることであり，発想推論の一例である．一方，病名を与えて，症状を導き出す行為は，症例データベースや過去の知見から論理的に導き出されると考えてよいので，演繹推論である．

【5】時刻表を調べる場合の推論手続きは，発駅と着駅，および（例えば）到着時刻を指定して，その時刻，あるいはその直前に到着するような列車を調べることになるが，もし推論手続き，すなわち時刻表の調べ方が健全でなければ，条件に合う正しい列車を探してくれないことになる．また，調べ方が完全でなければ，条件に合う列車を見落としてしまう場合がある．臨時列車などがある場合，このような見落としが発生しやすい．それは，調べ方が，例えば臨時列車の別表までを調べないからである．

【6】モデル論は，論理式の真偽のよりどころを，その論理式が成り立つ世界によって与えることにより，推論の妥当性の根拠を与えるが，一方，証明論では，証明手続きを厳密に定めることによって，得られる結論の妥当性を保証しようとする．証明論における証明手続きの正当性を保証するのは，モデル論であるといえる．一方，正しさが保証された証明手続きを用いることによって，証明を加速することが可能である．

【7】推論式は，論理式の集合が与えられたときに，それらがすべて正しい場合にそこからどのような論理式が導かれるのかを示す式であり，それ自身は論理式ではない．一方，論理式は，真偽が定まる，一定の構文によって作られる式であ

る。演繹推論の推論式に，推論式の左辺を前提として，右辺を帰結とする含意文を対応付けることにより，演繹推論の計算を対応する含意文のトートロジーを導く問題に変換できる。

【8】略

【9】略

【10】略

【11】感覚野は，モデルに対応していると考えてよい。実際，ヒトは感覚により世界をとらえ，そこで物事の真偽を判定すると考えられる。この問題は，人工知能におけるシンボル接地問題とも関係しており，つぎのプロセスにおけるシンボル化でのシンボルの意味を与えるものと考えられる。また，前頭前連合野は，図の「伴意」に相当していると考えられる。実際には，この対応付けは正確ではなく，「伴意」関係を示すような手続きプログラムに相当している，と考えるのが妥当であろう。

3 章

【1】(1) $\neg b \Rightarrow \neg e$
(2) $\neg f \Rightarrow \neg e$
(3) 略
(4) 略
(5) 略
(6) $b \wedge f \rightarrow e$

【2】「うそつきは泥棒の始まり」，「出る杭は打たれる」などは，含意の真理値の妥当性を示す良い例である。後者の例では，目立つと必ず打たれるが，目立たなければ打たれることもあるし，打たれないこともある，と考えると，このことわざが含意の真理値の妥当性を示している。興味ある例は，「大器晩成」である。この場合，「晩成ならば大器である」と考えると，含意の真理値とこのことわざの意味が一致する。

【3】a が 2 および 5 のとき p は偽となるので，$p \Rightarrow q$ は真となる。a が 12 のときには，p も q も真となるので，この場合もやはり $p \Rightarrow q$ は真となる。a が自然数のとき，この含意命題文は偽となることはない。しかし，命題文 $p \Rightarrow q$ は，トートロジーではない。それは，一般には p が真になり，同時に q が偽になることが起こり得るからである。

【4】(1) 略
(2) 略

(3) 解表 3.1 のとおり。

解表 3.1

e	b	f	$(e \Rightarrow b)$	$\wedge$	$(e \Rightarrow f)$	$\Rightarrow$	$((b \wedge f)$	$\Rightarrow e)$
0	0	0	1	1	1	1	0	1
0	0	1	1	1	1	1	0	1
0	1	0	1	1	1	1	0	1
0	1	1	1	1	1	0	1	0
1	0	0	0	0	0	1	0	1
1	0	1	0	0	1	1	0	1
1	1	0	1	0	0	1	0	1
1	1	1	1	1	1	1	1	1

【5】 解表 3.2 のとおり。

解表 3.2

α	β	γ	α	$\vee$	$(\beta \wedge \gamma)$	$\Leftrightarrow$	$(\alpha \vee \beta)$	$\wedge$	$(\alpha \vee \gamma)$
0	0	0	0	0	0	1	0	0	0
0	0	1	0	0	0	1	0	0	1
0	1	0	0	0	0	1	1	0	0
0	1	1	0	1	1	1	1	1	1
1	0	0	1	1	0	1	1	1	1
1	0	1	1	1	0	1	1	1	1
1	1	0	1	1	0	1	1	1	1
1	1	1	1	1	1	1	1	1	1

【6】 命題記号 e, b, f の真理値がそれぞれ偽, 真, 真のときに, この文は真とならない。すなわち, バッテリーが正常で, かつ, 燃料があるにもかかわらず, エンジンが動かない場合, この論理式は真とならない。

【7】 (1) $(p \wedge q) \vee (\neg p \wedge \neg q) \Leftrightarrow r$

(2) 階段スイッチの機能は, 例えば, 上のスイッチ q がオンでもオフでも, 下のスイッチ p によって電灯 r をオンオフできることである。そのため, q を真としたとき, あるいは偽としたときのこの回路の式を考えて, そのいずれの場合でも r が p で真偽を反転できることを示せばよい。

(3) q を真とすると, 階段スイッチ回路の式は, $p \Leftrightarrow r$ となるので, r が p で真偽を反転できる。同様に, q を偽とすると, 階段スイッチ回路の式は, $\neg p \Leftrightarrow r$ となるので, この場合も r が p で真偽を反転できる。

【8】 略

【9】 両辺を標準形に変換すればよい。左辺を連言標準形に変換する。
$((\alpha \lor \beta) \Rightarrow \gamma) \Leftrightarrow$
$\lnot(\alpha \lor \beta) \lor \gamma \Leftrightarrow$
$(\lnot\alpha \land \lnot\beta) \lor \gamma \Leftrightarrow$
$(\lnot\alpha \lor \gamma) \land (\lnot\beta \lor \gamma)$

一方,右辺を連言標準形に変換する。
$(\alpha \Rightarrow \gamma) \land (\beta \Rightarrow \gamma) \Leftrightarrow$
$(\lnot\alpha \lor \gamma) \land (\lnot\beta \lor \gamma)$

ゆえに,両辺は一致する。

【10】(1) $(b_1 \lor b_2) \Leftrightarrow r \Leftrightarrow$
$((b_1 \lor b_2) \Rightarrow r) \land (r \Rightarrow (b_1 \lor b_2)) \Leftrightarrow$
$(\lnot(b_1 \lor b_2) \lor r) \land (\lnot r \lor (b_1 \lor b_2)) \Leftrightarrow$
$((\lnot b_1 \land \lnot b_2) \lor r) \land (\lnot r \lor (b_1 \lor b_2)) \Leftrightarrow$
$(\lnot b_1 \lor r) \land (\lnot b_2 \lor r) \land (\lnot r \lor (b_1 \lor b_2))$

(2),(3),(4) 略

【11】融合法で導けるのは,p と $p \Rightarrow q$ から q を導くところまでである。q から $q \lor r$ を求めるためには,4章で導入する演繹証明手続きを必要とする。それによる証明図は,**解図 3.1** のとおりである。

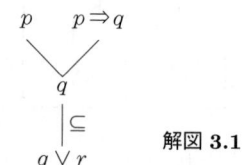

$$\begin{array}{c} p \quad p \Rightarrow q \\ \diagdown\diagup \\ q \\ |\subseteq \\ q \lor r \end{array}$$

解図 3.1

【12】$q \lor r$ の否定は,$\lnot(q \lor r) \Leftrightarrow \lnot q \land \lnot r$ なので,それを付け加えた節集合は,$\{p, p \Rightarrow q, \lnot q, \lnot r\}$ となる。この節集合からの反駁証明は,**解図 3.2** のとおりである。

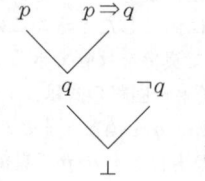

$$\begin{array}{c} p \quad p \Rightarrow q \\ \diagdown\diagup \\ q \quad \lnot q \\ \diagdown\diagup \\ \bot \end{array}$$

解図 3.2

4 章

【1】 （1）太陽 (sun) は恒星である。
$f(sun)$
（2）地球 (earth) は太陽の惑星である。
$p(earth, sun)$
（3）月 (moon) は地球の衛星である。
$s(moon, earth)$
（4）月は地球の周りを回る。
$r(moon, earth)$
（5）もし X が Y の衛星であれば，X は Y の周りを回る。
$\forall X \forall Y (s(X,Y) \Rightarrow r(X,Y))$
（6）惑星は恒星の周りを回る。
$\forall X \forall Y (p(X,Y) \Rightarrow r(X,Y))$

【2】 （1）$\forall A \forall Y \exists Z p(X,Y,Z)$
（2）$\forall X \forall Y \forall Z p(X,Y,Z) \land p(X,Y,W) \Rightarrow e(Z,W)$
（3）$\forall X \forall Y \forall Z \forall U \forall V1 \forall V2 \forall W (p(X,Y,U) \land p(U,Z,V1) \land p(Y,Z,W)$
$\land p(X,W,V2) \Rightarrow e(V1,V2)$
（4）$\exists E \forall X p(X,E,X)$
（5）$\forall X \forall Y \forall Z \forall U p(X,Y,U) \land p(Y,X,V) \Rightarrow e(U,V)$

【3】 （1）$\{nat(0), nat(X) \Rightarrow nat(s(X))\}$
（2）$\{even(0), even(X) \Rightarrow even(s(s(X)))\}$
（3）$\{mult3(0), mult3(X) \Rightarrow mult3(s((s(s(X)))))\}$

【4】 $even(X) \land mult3(X) \Rightarrow mult6(X)$

【5】 $\forall X P(X) \land Q(X) \Leftrightarrow$
$(P(d\_1) \land Q(d\_1)) \land (P(d\_2) \land Q(d\_2)) \land \cdots \Leftrightarrow$
$(P(d\_1) \land P(d\_2) \land \ldots) \land (Q(d\_1) \land Q(d\_2) \land \ldots) \Leftrightarrow$
$\forall X P(X) \land \forall Y Q(Y)$

【6】 （1）$\forall X (\exists Y love(X,Y)) \Rightarrow love(X, st\_Francis)$
あるいは
$\forall X \forall Y love(X,Y) \Rightarrow love(X, st\_Francis)$
前者の表現では，存在限量子のスコープは含意文の前提であるが，後者ではそのスコープは含意文全体である。
（2）$\neg \exists X \neg (\exists Y love(X,Y))$
あるいは
$\forall X (\exists Y love(X,Y))$

【7】 （1）$\forall X \neg (\exists Y (love(X,Y)) \lor love(X, st\_Francis) \Leftrightarrow$
$\forall X \forall Y \neg love(X,Y) \lor love(X, st\_Francis)$
（2）$\forall X (\exists Y love(X,Y))$

(3) $\forall X \forall Y(\neg love(X,Y) \lor love(X, st\_Francis)) \land (\forall X \exists Y love(X,Y)) \Leftrightarrow$
$\forall X \forall Y(\neg love(X,Y) \lor love(X, st\_Francis)) \land \forall U \exists V love(U,V) \Leftrightarrow$
$\forall X \forall Y \forall U \forall V(\neg love(X,Y) \lor love(X, st\_Francis)) \land love(U,V)$

【8】(1) $\forall X \forall Y \neg love(X,Y) \lor love(X, st\_Francis)$ は，すでにスコーレム標準形になっている。

(2) $\forall X(\exists Y love(X,Y)) \Leftrightarrow$
$\forall X love(X, f(X)))$
ここで，f はスコーレム関数。

(3) $\forall X \forall Y \forall U \exists V \neg love(X,Y) \lor love(X, st\_Francis) \land love(U,V) \Leftrightarrow$
$\forall X \forall Y \forall U(\neg love(X,Y) \lor love(X, st\_Francis)) \land love(U, f(X,Y,U))$

【9】$\forall X love(X, st\_Francis)$ の否定は
$\neg \forall X love(X, st\_Francis) \Leftrightarrow$
$\exists X \neg love(X, st\_Francis) \Leftrightarrow$
$\neg love(a, st\_Francis)$
ここで a はスコーレム定数。これを加えた節集合は
$\{\neg love(X,Y) \lor love(X, st\_Francis), love(U, fX,Y,U)),$
$\neg love(a, st\_Francis)\}$
この節集合の反駁証明は，**解図 4.1** のとおり。

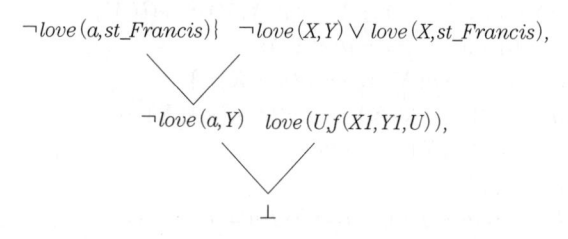

```
¬love(a,st_Francis)   ¬love(X,Y) ∨ love(X,st_Francis),
         \           /
          ¬love(a,Y)    love(U,f(X1,Y1,U)),
                    \  /
                     ⊥
```

解図 4.1

【10】エルブラン領域：
$\{sun, mercury, venus, earth, mars, jupiter, saturn, uranus, neptune,$
$moon, io, europa, ganymede, callisto\}$
エルブラン基底：
$\{f(sun), f(mercury), \ldots, f(callisto), p(sun, sun), p(sun, mercury),$
$\ldots, p(callisto, callisto), s(sun, sun) s(sun, mercury),$
$\ldots, s(callisto, callisto), r(sun, sun), r(sun, mercury),$
$\ldots, r(callisto, callisto)\}$
エルブラン解釈：
エルブラン解釈は，各定数記号にエルブラン領域の同じ要素を割り当てる割り

当てと，エルブラン基底の各要素に対する任意の true, false の割り当てから構成される。

エルブランモデル：
$\{f(sun), p(mercury, sun), \ldots, p(neptune, sun), s(moon, earth),$
$s(io, jupiter), \ldots, s(callisto, jupiter), r(mercury, sun),$
$\ldots, r(neptune, sun), r(moon, earth), r(io, jupiter),$
$\ldots, r(callisto, jupiter)\}$

5 章

【1】(1)
$$\cfrac{\cfrac{\cfrac{\cfrac{\cfrac{\cfrac{\cfrac{[\neg\beta \to \neg\alpha]_2 \quad [\neg\beta]_1}{\neg\alpha} (\to E) \quad [\alpha]_3}{\bot} (\neg E)}{\neg\neg\beta} (1, \neg I)}{\beta} (\neg\neg)}{\alpha \to \beta} (3, \to I)}{(\neg\beta \to \neg\alpha) \to (\alpha \to \beta)} (2, \to I)$$

(2)
$$\cfrac{\cfrac{\cfrac{\cfrac{\cfrac{\cfrac{\cfrac{[\neg(\neg\alpha \vee \beta)]_3 \quad \cfrac{\cfrac{[\alpha \to \beta]_1 \quad [\alpha]_2}{\beta} (\to E)}{(\neg\alpha \vee \beta)} (\vee I)}{\bot} (\neg E)}{\neg\alpha} (2, \neg I)}{(\neg\alpha \vee \beta)} (\vee I)}{[\neg(\neg\alpha \vee \beta)]_3 \quad} (\neg E) \quad \text{omitted}}{\bot} (3, \neg I)}{\neg\neg(\neg\alpha \vee \beta)} (\neg\neg E)}{\cfrac{\neg\alpha \vee \beta}{(\alpha \to \beta) \to (\neg\alpha \vee \beta)} (1, \to I)}$$

(3)
$$\cfrac{\cfrac{[\neg(\alpha \wedge \beta)]_1 \quad \cfrac{\cfrac{[\neg(\neg\alpha \vee \neg\beta)]_2}{\neg\neg\alpha \wedge \neg\neg\beta}}{\alpha \wedge \beta}}{\cfrac{\cfrac{\bot}{\neg\neg(\neg\alpha \vee \neg\beta)} \, (2, \neg\text{I})}{\neg\alpha \vee \neg\beta} \, (\neg\neg)}{\neg(\alpha \wedge \beta) \to \neg\alpha \vee \neg\beta} \, (1, \to \text{I})$$

(4)
$$\cfrac{\cfrac{\cfrac{\cfrac{[\alpha]_1 \quad [\neg\alpha]_2}{\bot} \, (\neg\text{E})}{\beta} \, (\bot)}{\alpha \to \beta} \, (1, \to \text{I}) \quad [(\alpha \to \beta) \to \alpha]_3}{\cfrac{\cfrac{\alpha \quad [\neg\alpha]_2}{\bot} \, (\neg\text{E})}{\cfrac{\neg\neg\alpha}{\alpha} \, (\neg\neg)} \, (2, \neg\text{I})}{((\alpha \to \beta) \to \alpha) \to \alpha} \, (3, \to \text{I})$$

【2】 必ずしも証明可能ではない。例えば A を命題変数として，$A \vee \neg A$ は恒真であるが，本文で注意したように，NJ（直観主義論理）では証明不可能であった。

【3】（1）同値でない。一般に，$\alpha \Rightarrow \beta$ とその「裏」$\neg\alpha \Rightarrow \neg\beta$ とは NK においても同値ではない。

（2）「勉強している」ならば（その前に）「叱られている」と読めば，常識にも合致する妥当な結論である。

6 章

【1】（1）$p \vee \neg q$
　　　確定節
（2）$p \wedge \neg q$
　　　ホーン節集合で，前者が確定節，後者がゴール節
（3）$p \Leftarrow q$
　　　確定節
（4）$p \Leftarrow \neg q$
　　　非ホーン節

(5) $\Leftarrow p \wedge q$
ゴール節
(6) $\Leftarrow \neg p \wedge \neg q$
演繹定理により，$p \vee q \Leftarrow$ なので，非ホーン節
(7) $\Leftarrow \neg p \vee \neg q$
演繹定理により，$p \wedge q \Leftarrow$ なので，二つの確定節からなるホーン節集合
(8) $\Leftarrow p \wedge \neg q$
演繹定理により，$q \Leftarrow p$ なので，確定節
(9) $\Leftarrow p \vee \neg q$
演繹定理により，$p \wedge \neg q \Leftarrow$ なので，ホーン節集合

【2】(1) $HU_P = \{a, b, c, d, e\}$

(2) $HB_P = \{arc(a,a), arc(a,b), arc(a,c), arc(a,d), arc(a,e), arc(b,a),$
$\ldots, arc(e,e), path(a,a), path(a,b), path(a,c), path(a,d), path(a,e),$
$path(b,a), \ldots, path(e,e)\}$

(3) 初めに，エルブランモデル
$\mathbf{M}_P = \{arc(a,b), arc(b,c), arc(c,d), arc(e,c), path(a,b), path(b,c),$
$path(c,d), path(e,c), path(a,c), path(b,d), path(e,d), path(a,d)\}$
の下でプログラム P が成り立つことを示す。P の最初の四つの節は $\mathbf{M}_P$ の要素であるので，成り立つ。ルール $path(X,Z) \Leftarrow arc(X,Z)$ は，$\mathbf{M}$ 中の $arc(X,Z)$ の各基礎例に対して，$path(X,Z)$ の基礎例が存在するので，この含意文は真となる。同様に，ルール $path(X,Z) \Leftarrow arc(X,Y), path(Y,Z))$ が $\mathbf{M}_P$ で成り立つことがわかる。一方，$\mathbf{M}_P$ からどの原子文を除いても，プログラム P は真とならないことがわかる。このことから，$\mathbf{M}_P$ が P の最小エルブランモデルであることが示された。

最小でないエルブランモデルの例は，$\mathbf{M}_P$ にエルブラン基底中の（$\mathbf{M}_P$ に含まれない）一つ以上の任意の要素を付け加えた集合である。

(4) $ground(P)$ は，P のすべての基礎例の集合なので
$ground(P) = \{arc(a,b), arc(b,c), arc(c,d), arc(e,c),$
$(path(a,a) \Leftarrow arc(a,a)), (path(a,b) \Leftarrow arc(a,b)), \ldots,$
$(path(e,e) \Leftarrow arc(e,e)),$
$(path(a,a) \Leftarrow arc(a,a), path(a,a)),$
$(path(a,b) \Leftarrow arc(a,a), path(a,b)), \ldots,$
$(path(e,e) \Leftarrow arc(e,e), path(e,e))\}$

(5) $\mathbf{T}_P([]) = I_1 = \{arc(a,b), arc(b,c), arc(c,d), arc(e,c)\}$
$\mathbf{T}_P(I_1) = I_2 = I_1 \cup \{path(a,b), path(b,c), path(c,d), path(e,c)\}$
$\mathbf{T}_P(I_2) = I_3 = I_2 \cup \{path(a,b), path(b,c), path(c,d), path(e,c)\}$
$\mathbf{T}_P(I_3) = I_4 = I_3 \cup \{path(a,c), path(b,d), path(e,d)\}$
$\mathbf{T}_P(I_4) = I_5 = I_4 \cup \{path(a,d)\}$

$\mathbf{T}_P(I_5) = I_5$

すなわち，I_5 がプログラム P に対する T_P オペレータの不動点であるが，この集合は最小エルブランモデル M_P に一致する．

【3】 $\mathbf{M} = \{r(b), p(a), q(b)\}$ とする．プログラム Q から $ground(Q)$ を作る．
$ground(Q) = \{(r(a) \Leftarrow notp(a) \wedge q(a)),$
$(r(b) \Leftarrow notp(b) \wedge q(b)), p(a), q(b)\}$

$\mathbf{M}$ は $p(a)$ を含むので，$ground(Q)$ から $notp(a)$ を含むルール $r(a) \Leftarrow notp(a) \wedge q(a)$ を削除し，さらに，残ったプログラムから not の付いたリテラルを削除すると

$ground(Q)_M = \{(r(b) \Leftarrow q(b)), p(a), q(b)\}$

を得る．このプログラムの最小モデルは，$\mathbf{M}$ に一致する．ゆえに，$\mathbf{M}$ が Q の安定モデルである．

7 章

【1】 add(0,X,X).
add(s(X),Y,s(Z)) :- add(X,Y,Z).

【2】 mult(0,X,0).
mult(s(X),Y,U) :- mult(X,Y,Z), add(X,Z,U).

【3】 append プログラムは，以下のとおりである．
append([],X,X).
append([E|X],Y,[E|Z]) :- append(X,Y,Z).

このプログラムを add プログラムと比較してみると，[] には 0 が対応し，リストの cons には後続関数 s が対応している．また，プログラムの構造はまったく同じである．

【4】 sibling 関係を成り立たせているのは，同じ親を持っているという事実であり，それは父親，母親の両方の可能性があるので，そのどちらを経由しても，解となるから．

【5】 ancestor プログラム
ancestor(X,Z):- parent(X,Z).
ancestor(X,Z):- parent(X,Y),ancestor(Y,Z).

で，第 2 の節の右辺のリテラルの順序を入れ替えると

ancestor(X,Z):- parent(X,Z).
ancestor(X,Z):- ancestor(Y,Z),parent(X,Y).

となるが，このプログラムに対して質問 ?− $ancestor(X, tara)$. を与えると，第 1 の節の呼び出しは失敗し，第 2 の節が呼び出される．すると，新たなゴールは

?-ancestor(Y,tara),parent(X,Y).

となる．ここで，再び ancestor への呼び出しが現れ，以後，このパターンが

繰り返される。

【6】 失敗による否定を実現するためには，実行の成功，失敗をプログラムの制御に利用しなければならない。一方，カットは一時的にプログラムのほかの選択肢を刈り取るので，プログラムの実行制御が一意に決定される。このことを利用して，失敗による否定が実現される。

8 章

【1】 発想推論では，与えられた理論だけからでは観測事実が証明できないときに，補うべき命題を探し出す。このようにして探し出された命題は，仮説と考えられる。すなわち，発想推論は仮説生成に有用である。

【2】　　論理プログラム P:
　　　　grass_is_wet :- rained_last_night.
　　　　grass_is_wet :- sprinkler_was_on.
　　　　shoes_are_wet :- grass_is_wet.
　　　　一貫性制約 I: []
　　　　候補仮説集合 A:
　　　　abducible predicate(rained_last_night).
　　　　abducible predicate(sprinkler_was_on).
　　　　ゴール G:
　　　　?- demo(shoes_are_wet, D).

【3】 ヒント：自動車が動かないことを $notMoveCar$，ガソリン切れを $noGas$，バッテリー切れを $noBattery$，ライト点灯を $lightOn$ とし，バッテリーが切れたら，ライトが点灯しないことを一貫性制約で表す。また，ライトが点灯している事実を論理プログラムに付け加える。候補仮説集合は，自明であろう。

【4】 発想推論の枠組を用いると，人工知能のさまざまな応用問題が形式化できる。よく知られているのは，デフォルト推論である。デフォルト推論では普通の鳥は飛ぶけどペンギンは飛ばない，といった推論を行うが，そのときに，候補仮説として普通の鳥でないペンギンを取り上げると，例外的な結論，すなわち鳥でも飛ばないことが導かれる。また，診断問題の形式化にも用いられる。その他にも，計画問題への応用が知られている。

【5】 候補仮説集合があらかじめ与えられていないとすると，ゴールを証明するのにどのような仮説を補えばよいのかがわからない。ゴールの証明過程で，証明できないリテラルが見つかったときに，そのリテラルの正否をユーザに問い合わせるのが，一つの拡張である。あるいは，候補仮説集合は，発想推論問題において，着想，あるいは着眼点などに相当するので，問題領域に関する別の角度からの考察によって，候補仮説集合を創出することが必要になる。

9 章

【1】 帰納推論は，多くの事例を一般化してルールを抽出するが，発想推論は一つの事例を説明するための仮説を生成する．いずれも事例を説明するための節を生成することには違いはないが，前者は生成されるものがルール，すなわち変数を伴うプログラム節であるが，後者は基礎原子文に限られる．帰納推論は，多くの事例を一般化するので，その推論プロセスの中に，確認 (confirmation) の過程が含まれているが，発想推論ではその過程はない．

【2】 帰納論理プログラミングでは，学習の目標となる述語に対する例を正例として与え，その述語を満たさない例を負例として与える．そのため，ILP を用いることによって，正例と負例を区別するためのルールが導かれる．このルールは，分類ルールを与えていると考えられる．

【3】 ILP は，述語論理をベースにしているので関係性を記述することができる．そのため，共通の変数を介して，関連のある Prolog プログラムを作成中のルールの中で参照することができる．そのため，任意の背景知識を Prolog プログラムにより与えることがでできる．

【4】 ILP は，非数値的な属性によって記述される分類問題一般に対して，有効である．その応用範囲は，遺伝子解析，薬品の合成，文書処理，時系列データマイニングなど，多岐に渡っている．

日本語索引

【あ】
安定モデル　146
AND/OR 木　40

【い】
一階論理　11
一貫性制約　186
一般論理プログラム　144

【え】
SLD 木 (SLD Tree)　142
SLD 反駁　141
SLD 融合法　142
SL 融合法　89
NK の定理　120
NJ の定理　120
エルブラン解釈　85
エルブラン基底　85, 88
エルブランの定理　87
エルブランモデル　88
エルブラン領域　85
演繹　91
演繹証明手続き　91
演繹推論　15
演繹定理　52

【か】
解釈　20, 33, 61
改名　73
開論理式　60
確証　17
確定節　136
確定プログラム　136
カットオペレータ　164
仮定　99, 109
仮定集合　110
含意　11, 106
含意標準形　42
含意文　30, 31
関数記号　57
完全　84
完全性　24
冠頭標準形　72
簡約可能　127
簡約規則　96

【き】
帰結　13
基礎完全性定理　87
基礎原子文　58
基礎項　57
基礎代入　78
基礎例　78, 140
帰納推論　17, 193, 200
帰納推論システム　197
帰納論理プログラミング　193
基本的　185
基本変形　127
逆伴意　53
極小　185

【く】
空節　136
空リスト　169

【け】
結合子　11
決定木　190, 197, 199
結論　30, 99, 110, 111
原子文　10, 30, 31, 58, 101
原始論理　106
健全　84
健全性　24
限量子　12, 58

【こ】
項　56
恒偽　37, 67
恒真　37, 67
後続関数　63
後置演算子　78
構文解析　178
候補仮説　185
候補仮説集合　185
公理論的証明法　51
古典命題論理　118
ゴール節　136, 154

【さ】
再帰ルール　156, 162
最汎単一化　80
最汎単一化代入　80
差分リスト　176

【し】
シーケント計算　26
支持集合　89

日本語索引

自然演繹　96
失敗による否定　144, 168
充足可能　37, 67
充足不能　67
自由変数　60
述　語　11
述語文　11, 58
述語論理　10, 11, 56, 193
述語論理式　11
主部分証明図　129
主論理式　106
準決定的　25
情報量基準　18
証　明　27
証明図　96, 100
証明論　25
真理値表　32

【す】

推　論　13, 15, 27
推論規則　96, 99, 100
推論式　27
スコープ　60
スコーレム化　74
スコーレム関数　74
スコーレム定数　74
スコーレム標準形　75

【せ】

正規形　126
正規形定理　96
節　42, 47, 70
節形式　42, 71
節集合　42, 47, 70, 71
選　言　11
選言肢　40
選言標準形　40
選言文　30, 31, 40
全称限量　58
全称限量子　12

前　提　13, 30, 111

【そ】

束縛変数　60
存在限量　58
存在限量子　12

【た】

代　入　78
代入法則　119
妥　当　67
単一化　79
単一化代入　80
単一化不能　80

【ち】

知識表現言語　152
直接の部分証明図　120
直観主義命題論理　118

【つ】

追加可能　110

【て】

定　理　120
T_P オペレータ　139
手続き型プログラミング言語　151

【と】

同　値　11
同値文　30, 31
閉じた文　60
トートロジー　37, 44
ド・モルガンの法則　38

【な】

長　さ　127

【に】

2重否定律　118
入力融合法　89

【は】

バックトラック　159, 160, 164
発想推論　16, 184
発想的拡張　184
発想的説明　184
発想論理プログラム　186
伴　意　13, 22, 23
伴意式　13
反駁完全　84
反駁完全性　24, 50
反駁融合法　138

【ひ】

否　定　11, 103
否定文　30, 31
表　現　78
開いた文　60

【ふ】

ファクト　154
不一致集合　82
不完全データ構造　180
複合文　30
不動点　140
部分証明図　120
ブール代数　36
プログラム節　154
文　10, 29
分類問題　193

【へ】

閉論理式　60
変　量　65

【ほ】

包摂	90
母式	72
ホーン節	136, 153
ホーン論理	7

【ま】

回り道	127

【み】

幹	129

【む】

矛盾	37, 67, 103
無矛盾性	96
無名変数	171

【め】

命題文	29
命題論理	10, 29
命題論理学習器	199

命題論理式	10
メタプログラミング	180

【も】

モーダスポーネンス	15, 46
持ち上げ補題	88
モデル	19, 22, 34, 62
モデル論	25
問題の表現言語	200

【ゆ】

融合	47, 82, 83
融合原理	84
融合証明手続き	48, 84
融合節	48, 83
融合法	24, 47, 77

【ら】

ランク	127

【り】

リスト	169

リテラル	30, 31
領域	62
理論	13

【る】

ルール	154

【れ】

連言	11
連言肢	40
連言標準形	41
連言文	30, 31, 39

【ろ】

論理積の推論規則	108
論理プログラミング言語	151

【わ】

割当て	19

英語索引

【A】

abducibles	185
abduction	16
abductive logic program	186
anonymous variable	171
assignment	19
assumptions	99
atom	58
atomic formula	10

【B】

basic	185
bound variable	60

【C】

Characterization Theorem	140
clausal form	42
clause	42
clause set	42
completeness	24
confirmation	18
conjunction	11
conjunctive normal form	41
connective	11
contradiction	67

【D】

deduction	15
definite program	136
difference list	176
disjunction	11
disjunctive normal form	40
d-list	176
domain	62

【E】

entailment	13
equivalence	11
existential quantifier	12, 58

【F】

false	29
first order logic	11
fix point	140
fluent	65
free variable	60

【G】

general logic program	144
Gentzen	96
ground atom	58
ground instance	79
ground substitution	78
ground term	57

【H】

Herbrand base	85
Herbrand interpretation	85
Herbrand universe	85

【I】

implication	11
inductive logic programming (ILP)	193
inference	13
inference rules	99
information criteria	18
integrity constraint	186
interpretation	20, 61

【L】

Lisp	151

【M】

matrix	72
minimal	185
model	19
model theory	25
modus ponens	15, 46
most general unifier (MGU)	80, 81

【N】

natural deduction	96
negation	11
negation as failure	168
NJ	96, 100
NK	96, 100

【P】

post fix operater	78
predicate calculus	11
predicate logic	10
prenex normal form	72

Progol		201	**[S]**			successor function		63
Prolog		151				**[T]**		
proof figure		100	selective linear definite					
proof theory		25	refutation		141	tautology		44
[Q]			semi-decidable		25	term		56
			sentence		10	theory		13
quantifier		12	sequent calculus		26	true		29
[R]			Skolem constant		74	**[U]**		
			Skolem function		74			
refutation complete		84	Skolemization		74	unification		79
renaming		73	Skolem normal form		75	universal quantifier		12, 58
resolution		24, 47	Skolem standard form		75	unsatisfiable		67
resolution principle		84	soundness		24	**[V]**		
resolvent		48	stable model		145			
			substitution		78	valid		67
			subsume		90			

【記号】			¬	11, 30, 61	⊢$_r$		27, 84
			⇒	11, 30, 61	∨		11, 30, 61
∃		12, 58	⇒ 除去規則	106	∧		11, 30, 60
∀		12, 58	≻	90	⊥		37, 116
⇔		11, 30, 61	⊢	27	■		39
⊨		13	⊢$_d$	27, 91	□		40

―― 著者略歴 ――

古川　康一（ふるかわ　こういち）
1965年　東京大学工学部計数工学科卒業
1967年　東京大学大学院工学系研究科修士課程修了
1967年　通産省工業技術院電気試験所入所
1980年　工学博士（東京大学）
1982年　財団法人新世代コンピュータ技術開発機構出向
1992年　慶應義塾大学教授
2008年　慶應義塾大学名誉教授
2010年　嘉悦大学大学院教授（ビジネス創造研究科）
2015年　退職
人工知能学会フェロー，日本ソフトウェア科学会名誉会員

向井　国昭（むかい　くにあき）
1971年　東京大学理学部数学科卒業
1971年　三菱電機株式会社勤務
1982年　財団法人新世代コンピュータ技術開発機構出向
1991年　工学博士（東京工業大学）
1992年　慶應義塾大学助教授
1995年　慶應義塾大学教授
2012年　慶應義塾大学名誉教授

数 理 論 理 学
Mathematical Logic　　　　© Koichi Furukawa, Kuniaki Mukai 2008

2008 年 6 月 27 日　初版第 1 刷発行
2017 年 1 月 5 日　初版第 2 刷発行

検印省略	著　者　古　川　康　一 　　　　向　井　国　昭 発行者　株式会社　コロナ社 　　　　代表者　牛来真也 印刷所　三美印刷株式会社 製本所　有限会社　愛千製本所

112-0011　東京都文京区千石 4-46-10
発行所　株式会社　コロナ社
CORONA PUBLISHING CO., LTD.
Tokyo Japan
振替 00140-8-14844・電話(03)3941-3131(代)
ホームページ　http://www.coronasha.co.jp

ISBN 978-4-339-02718-1　C3355　Printed in Japan　　　（横尾）

JCOPY　<出版者著作権管理機構 委託出版物>
本書の無断複製は著作権法上での例外を除き禁じられています．複製される場合は，そのつど事前に，出版者著作権管理機構（電話 03-5513-6969, FAX 03-5513-6979, e-mail: info@jcopy.or.jp）の許諾を得てください．

本書のコピー，スキャン，デジタル化等の無断複製・転載は著作権法上での例外を除き禁じられています．購入者以外の第三者による本書の電子データ化及び電子書籍化は，いかなる場合も認めていません．
落丁・乱丁はお取替えいたします．

コンピュータ数学シリーズ

(各巻A5判, 欠番は品切です)

■編集委員　斎藤信男・有澤　誠・筧　捷彦

配本順			頁	本体
2.(9回)	組合せ数学	仙波一郎著	212	2800円
3.(3回)	数理論理学	林　晋著	190	2400円
7.(10回)	ゲーム計算メカニズム —将棋・囲碁・オセロ・チェスのプログラムはどう動く—	小谷善行編著	204	2800円
10.(2回)	コンパイラの理論	大山口通夫著	176	2200円
11.(1回)	アルゴリズムとその解析	有澤　誠著	138	1650円
16.(6回)	人工知能の理論（増補）	白井良明著	182	2100円
20.(4回)	超並列処理コンパイラ	村岡洋一著	190	2300円
21.(7回)	ニューラルコンピューティング	武藤佳恭著	132	1700円

以下続刊

1. 離散数学	難波完爾著	4. 計算の理論	町田元著
5. 符号化の理論	今井秀樹著	6. 情報構造の数理	中森真理雄著
8. プログラムの理論		9. プログラムの意味論	萩野達也著
12. データベースの理論		13. オペレーティングシステムの理論	斎藤信男著
14. システム性能解析の理論	亀田壽夫著	17. コンピュータグラフィックスの理論	金井崇著
18. 数式処理の数学	渡辺隼郎著	19. 文字処理の理論	

定価は本体価格+税です。
定価は変更されることがありますのでご了承下さい。

図書目録進呈◆

電子情報通信レクチャーシリーズ

■電子情報通信学会編　　　（各巻B5判）

共通

記号	配本順	書名	著者	頁	本体
A-1	(第30回)	電子情報通信と産業	西村吉雄著	272	4700円
A-2	(第14回)	電子情報通信技術史 —おもに日本を中心としたマイルストーン—	「技術と歴史」研究会編	276	4700円
A-3	(第26回)	情報社会・セキュリティ・倫理	辻井重男著	172	3000円
A-4		メディアと人間	原島博 北川高嗣 共著		
A-5	(第6回)	情報リテラシーとプレゼンテーション	青木由直著	216	3400円
A-6	(第29回)	コンピュータの基礎	村岡洋一著	160	2800円
A-7	(第19回)	情報通信ネットワーク	水澤純一著	192	3000円
A-8		マイクロエレクトロニクス	亀山充隆著		
A-9		電子物性とデバイス	益一哉 天川修平 共著		

基礎

記号	配本順	書名	著者	頁	本体
B-1		電気電子基礎数学	大石進一著		
B-2		基礎電気回路	篠田庄司著		
B-3		信号とシステム	荒川薫著		
B-5	(第33回)	論理回路	安浦寛人著	140	2400円
B-6	(第9回)	オートマトン・言語と計算理論	岩間一雄著	186	3000円
B-7		コンピュータプログラミング	富樫敦著		
B-8		データ構造とアルゴリズム	岩沼宏治他著		
B-9		ネットワーク工学	仙田正和 石村裕 中野敬介 共著		
B-10	(第1回)	電磁気学	後藤尚久著	186	2900円
B-11	(第20回)	基礎電子物性工学 —量子力学の基本と応用—	阿部正紀著	154	2700円
B-12	(第4回)	波動解析基礎	小柴正則著	162	2600円
B-13	(第2回)	電磁気計測	岩﨑俊著	182	2900円

基盤

記号	配本順	書名	著者	頁	本体
C-1	(第13回)	情報・符号・暗号の理論	今井秀樹著	220	3500円
C-2		ディジタル信号処理	西原明法著		
C-3	(第25回)	電子回路	関根慶太郎著	190	3300円
C-4	(第21回)	数理計画法	山下信雄 福島雅夫 共著	192	3000円
C-5		通信システム工学	三木哲也著		
C-6	(第17回)	インターネット工学	後藤滋樹 外山勝保 共著	162	2800円
C-7	(第3回)	画像・メディア工学	吹抜敬彦著	182	2900円
C-8	(第32回)	音声・言語処理	広瀬啓吉著	140	2400円
C-9	(第11回)	コンピュータアーキテクチャ	坂井修一著	158	2700円

配本順				頁	本体
C-10		オペレーティングシステム			
C-11		ソフトウェア基礎	外山芳人著		
C-12		データベース			
C-13	(第31回)	集積回路設計	浅田邦博著	208	3600円
C-14	(第27回)	電子デバイス	和保孝夫著	198	3200円
C-15	(第8回)	光・電磁波工学	鹿子嶋憲一著	200	3300円
C-16	(第28回)	電子物性工学	奥村次徳著	160	2800円

展開

配本順				頁	本体
D-1		量子情報工学	山崎浩一著		
D-2		複雑性科学			
D-3	(第22回)	非線形理論	香田徹著	208	3600円
D-4		ソフトコンピューティング			
D-5	(第23回)	モバイルコミュニケーション	中川正雄／大槻知明 共著	176	3000円
D-6		モバイルコンピューティング			
D-7		データ圧縮	谷本正幸著		
D-8	(第12回)	現代暗号の基礎数理	黒澤馨／尾形わかは 共著	198	3100円
D-10		ヒューマンインタフェース			
D-11	(第18回)	結像光学の基礎	本田捷夫著	174	3000円
D-12		コンピュータグラフィックス			
D-13		自然言語処理	松本裕治著		
D-14	(第5回)	並列分散処理	谷口秀夫著	148	2300円
D-15		電波システム工学	唐沢好男／藤井威生 共著		
D-16		電磁環境工学	徳田正満著		
D-17	(第16回)	VLSI工学 —基礎・設計編—	岩田穆著	182	3100円
D-18	(第10回)	超高速エレクトロニクス	中村徹／三島友義 共著	158	2600円
D-19		量子効果エレクトロニクス	荒川泰彦著		
D-20		先端光エレクトロニクス			
D-21		先端マイクロエレクトロニクス			
D-22		ゲノム情報処理	高木利久／小池麻子 編著		
D-23	(第24回)	バイオ情報学 —パーソナルゲノム解析から生体シミュレーションまで—	小長谷明彦著	172	3000円
D-24	(第7回)	脳工学	武田常広著	240	3800円
D-25	(第34回)	福祉工学の基礎	伊福部達著	236	4100円
D-26		医用工学			
D-27	(第15回)	VLSI工学 —製造プロセス編—	角南英夫著	204	3300円

定価は本体価格+税です。
定価は変更されることがありますのでご了承下さい。

図書目録進呈◆

並列処理シリーズ

(各巻A5判，欠番は品切です)

■**編集委員長** 萩原　宏
■**編集委員** 柴山　潔・高橋義造・都倉信樹・富田眞治

配本順			頁	本体
1.（1回）	並列処理概説	渡辺勝正著	218	2500円
2.（2回）	並列計算機アーキテクチャ	奥川峻史著	190	2500円
3.（10回）	命令レベル並列処理 ―プロセッサアーキテクチャとコンパイラ―	安藤秀樹著	240	3200円
5.（9回）	算術演算のVLSIアルゴリズム	髙木直史著	202	2400円
7.（7回）	並列オペレーティングシステム	福田　晃著	212	2800円
9.（11回）	並列数値処理 ―高速化と性能向上のために―	金田康正編著	272	3800円
10.（3回）	並列記号処理	柴山　潔著	244	3200円
11.（6回）	分散人工知能	石田　亨 片桐恭弘　共著 桑原和宏	206	2600円
13.（8回）	並列画像処理	美濃導彦著	250	3300円
16.（5回）	共有記憶型並列システムの実際	鈴木則久 清水茂則　共著 山内長承	220	2900円

以下続刊

4.	並列アルゴリズムと分散アルゴリズム	萩原兼一 増澤利光　共著
6.	並列プログラミング	牛島和夫 程　京徳　共著
8.	並列処理ワークステーションとその応用	末吉敏則著
12.	並列データベース処理	
15.	マルチプロセッサシステム	中島　浩著

定価は本体価格+税です。
定価は変更されることがありますのでご了承下さい。

◆図書目録進呈◆

自然言語処理シリーズ

(各巻A5判)

■監修　奥村　学

配本順			頁	本体
1.（2回）	言語処理のための機械学習入門	高村大也著	224	2800円
2.（1回）	質問応答システム	磯崎・東・中・永田・加藤共著	254	3200円
3.	情報抽出	関根聡著		
4.（4回）	機械翻訳	渡辺・今村・賀沢・Graham・中澤共著	328	4200円
5.（3回）	特許情報処理：言語処理的アプローチ	藤井・谷川・岩山・難波・山本・内山共著	240	3000円
6.	Web言語処理	奥村学著		
7.（5回）	対話システム	中野・駒谷・船越・中野共著	296	3700円
8.（6回）	トピックモデルによる統計的潜在意味解析	佐藤一誠著	272	3500円
9.	構文解析	鶴岡慶雅・宮尾祐介共著		
10.	文脈解析：述語項構造，照応，談話構造の解析	笹野遼平・飯田龍共著		
11.	語学学習支援のための自然言語処理	永田亮著		
12.	医療言語処理	荒牧英治著		

定価は本体価格+税です。
定価は変更されることがありますのでご了承下さい。

図書目録進呈◆

コンピュータサイエンス教科書シリーズ

(各巻A5判)

■編集委員長　曽和将容
■編集委員　　岩田　彰・富田悦次

配本順			頁	本体
1.	(8回)	情報リテラシー	立花康夫／曽春日秀／将容共著	234	2800円
4.	(7回)	プログラミング言語論	大山口通夫／五味弘共著	238	2900円
5.	(14回)	論理回路	曽範和公将容司共著	174	2500円
6.	(1回)	コンピュータアーキテクチャ	曽和将容著	232	2800円
7.	(9回)	オペレーティングシステム	大澤範高著	240	2900円
8.	(3回)	コンパイラ	中田育男監修／中井央著	206	2500円
10.	(13回)	インターネット	加藤聰彦著	240	3000円
11.	(4回)	ディジタル通信	岩波保則著	232	2800円
13.	(10回)	ディジタルシグナルプロセッシング	岩田彰編著	190	2500円
15.	(2回)	離散数学 ─CD-ROM付─	牛島和夫編著／相利民廣朝雄共著	224	3000円
16.	(5回)	計算論	小林孝次郎著	214	2600円
18.	(11回)	数理論理学	古川康一／向井国昭共著	234	2800円
19.	(6回)	数理計画法	加藤直樹著	232	2800円
20.	(12回)	数値計算	加古孝著	188	2400円

以下続刊

2.	データ構造とアルゴリズム	伊藤大雄著	3.	形式言語とオートマトン	町田元著
9.	ヒューマンコンピュータインタラクション	田野俊一著	12.	人工知能原理	嶋田・加納共著
14.	情報代数と符号理論	山口和彦著	17.	確率論と情報理論	川端勉著

定価は本体価格+税です。
定価は変更されることがありますのでご了承下さい。

図書目録進呈◆